TABLEAU GÉNÉRAL

DE L'AGRICULTURE

ET

DE SES MOYENS DE PROGRÈS

DANS LE DÉPARTEMENT DE LA GIRONDE,

EN 1850.

« Certains n'ont considéré le sort des travailleurs qui font naître les
» produits de la terre que comme un moyen d'arriver au but : la création
» de la richesse agricole. A nos yeux, au contraire, le bonheur de ces
» hommes est le but principal de la science; car ils forment la grande
» majorité de la nation. Le législateur doit donc songer :
» A leur conserver, dans la richesse qu'ils font naître, la plus grande
» part conciliable avec la continuation de leur travail;
» A fixer, dans les champs, le plus grand nombre de citoyens; car, à
» égalité de revenus, le pauvre y jouira de plus de santé et de plus de
» bonheur que dans les villes;
» A développer leur intelligence autant qu'un travail corporel assez
» rude peut le permettre;
» Enfin et surtout à cultiver et à affermir leur moralité ».

(J. C. DE SISMONDI).

BORDEAUX. — IMPRIMERIE DE TH. LAFARGUE, LIBRAIRE,
Rue Puits de Bagne-Cap , 9.

TABLEAU GÉNÉRAL
DE L'AGRICULTURE

ET DE

SES MOYENS DE PROGRÈS

DANS LE DÉPARTEMENT DE LA GIRONDE,

Présenté à M. le Préfet et à MM. les Membres
du Conseil Général,

PAR LE PROFESSEUR DU COURS D'AGRICULTURE DE BORDEAUX,

chargé de l'inspection agricole du département, etc...,

EN 1850.

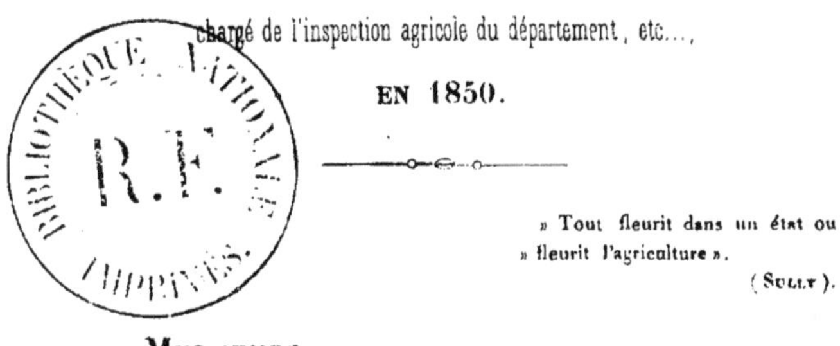

» Tout fleurit dans un état ou
» fleurit l'agriculture ».

(SULLY).

MESSIEURS,

Dans votre session de 1849, séance du 13 Septembre,
vous accueillîtes, comme pouvant tourner au profit de
l'agriculture, la proposition suivante qui vous fut faite
par deux de vos membres.

    » Le Département accorde des sommes assez considéra-
» bles pour encourager les développements des différentes
» branches de l'Agriculture.

    » De son côté, le Gouvernement ajoute aussi à plusieurs
» de ces sommes.

    » Chaque année, les crédits dont il s'agit sont, de la
» part de M. le Préfet, l'objet de rapports spéciaux, et, de

» *la part du Conseil-Général, l'objet de décisions et de*
» *votes également spéciaux.*

» *Par suite de cette diversité de sujets, il est difficile*
» *d'embrasser dans leur ensemble toutes les institutions*
» *relatives à l'agriculture, de coordonner entr'elles ces*
» *institutions, et de les mettre ainsi en état de produire*
» *tout le bien que l'on doit en attendre.*

» *Il n'est pas douteux que plusieurs de ces mêmes ins-*
» *titutions ont besoin d'être modifiées. Pour ce qui re-*
» *garde les Comices en particulier, chacun sait que les*
» *uns fonctionnent incomplètement, et que d'autres sont*
» *dans un état d'inaction complète.*

» *En conséquence, nous demandons au Conseil-Général*
» *de soumettre à M. le Préfet la résolution suivante :*

» Article 1er. — *Le Professeur d'Agriculture de Bor-*
» *deaux, sera chargé de faire l'historique et l'appréciation*
» *de tous les moyens mis en usages, dans le département*
» *de la Gironde, pour le perfectionnement des différentes*
» *branches de l'Agriculture.*

» Article 2. — *Il rédigera un travail dans lequel se-*
» *ront classés tous ces moyens, de manière à pouvoir fa-*
» *cilement en apprécier l'ensemble, et assurer à chacun*
» *d'eux l'action la plus complète et la plus avantageuse.*

» *Ce travail sera soumis au Conseil-Général dans sa*
» *session prochaine (1) »*.

Après avoir exprimé toute la reconnaissance que doit
nous inspirer un témoignage aussi éclatant de l'estime et

---

(1) *Procès-verbaux des délibérations du Conseil Général :* Session
de 1849, pages 570-571.

de la confiance dont vous nous avez honoré, daignez nous permettre, MESSIEURS, d'entrer dans quelques détails sommaires sur le plan que nous avons cru devoir adopter, et sur les moyens que nous comptons employer pour accomplir l'œuvre que vous attendez de nous.

Cette œuvre pourrait être considérable; car, pour vous, MESSIEURS, comme pour tous les hommes habitués à considérer les choses dans leur ensemble et à les apprécier du point de vue le plus élevé, l'agriculture n'est pas seulement la source la plus féconde et la plus sûre de la richesse nationale; mais elle est encore, au point de civilisation où nous sommes parvenus, une sorte d'institution sociale, dans le sens politique du mot, destinée à exercer sur le pays l'influence la plus directe et la plus heureuse.

Ainsi que le dit un auteur ancien : « Ce sont les culti-
» vateurs qui donnent à la république les hommes les
» plus robustes, et les plus braves soldats ; outre que le
» gain que font ces mêmes cultivateurs est le plus hon-
» nête, le plus solide, et le moins sujet à exciter l'envie ;
» et qu'enfin *ceux qui s'adonnent à cette profession sont*
» *toujours éloignés de concevoir de mauvais projets (1)* ».

A ce titre, nous aurions donc pu jeter un coup-d'œil sur tout ce qui touche à l'agriculture d'une manière plus ou moins directe; au moins sur tout ce qui est susceptible d'agir sur son développement, sur ses progrès, sur la propagation des goûts modestes, des tendances paisi-

---

(1) Caton : *De Re rusticâ.*

bles, des habitudes essentiellement honnêtes qu'elle ins-
pire.

Nous aurions pu surtout dire un mot de l'instruction
primaire, ce grand bienfait de notre époque, dans ses
rapports avec l'agriculture.

Nous aurions pu justifier cette instruction du reproche
que lui font trop de gens aujourd'hui, de nuire à l'agriculture, d'aider à l'abandon de plus en plus général que
font de cette noble, de cette utile occupation, les hommes sur lesquels elle doit cependant compter pour recru-
ter son nombreux personnel.

Nous aurions pu montrer, qu'effectivement, la liaison la
plus étroite, la plus intime, existe entre ces deux ordres
de faits : l'instruction et l'agriculture, également dignes,
MESSIEURS, de toute votre attention, de toute votre sollicitude.

Il n'est guère possible de s'avancer dans les campagnes
de la Gironde, de se mettre en rapport avec les propriétaires qui y font leur résidence, sans entendre répéter
autour de soi ces affligeantes paroles : *Nous manquons de
bras !*

Sans doute, la tendance qui détermine de tels résultats
ne doit pas être cherchée dans les facilités données à tous
de s'instruire, d'acquérir d'indispensables connaissances.
Seulement, qu'on nous permette de le dire en toute sin-
cérité, nous avons toujours pensé, et grand nombre de
bons esprits adoptent aussi cette opinion, que si l'instruction peut, quant au fond, être la même pour tous, quant à
la forme au moins, il est de toute nécessité qu'elle se
modifie suivant les besoins particuliers de ceux qui la réclament.

Or, dans les campagnes, c'est principalement en vue de favoriser l'agriculture, en vue d'assurer à cette occupation des auxiliaires intelligents, instruits et moraux, que le gouvernement s'efforce, avec une libéralité qui lui fait honneur, de répandre l'instruction. C'est principalement pour donner à cette instruction une application de ce genre, que la très-grande majorité de ceux à qui elle est offerte, vient la réclamer.

Or, que faudrait-il pour assurer la satisfaction de cette double tendance, pour ôter tout prétexte au reproche que nous venons de signaler? Il faudrait, non pas, comme le veulent certaines personnes, sous l'influence d'une exagération que rien ne justifie, convertir les écoles primaires en écoles d'agriculture : un tel dessein serait tout à la fois inutile et impossible; il faudrait intercaler dans le cadre de cet enseignement les principes élémentaires d'un art dont la pratique est déjà familière aux élèves. Il faudrait que ceux-ci vissent immédiatement l'application qui peut être faite, aux méthodes de culture suivies par leurs parents et auxquelles eux-mêmes donnent déjà la main, de toutes les vérités qui leur sont enseignées.

Il faudrait, en opposition au préjugé répandu dans les campagnes, qu'ils puisâssent l'amour de l'agriculture dans l'instruction; qu'ils reconnussent, sous l'influence de cette instruction, tout ce qu'a d'utile, d'honorable, la profession exercée par leurs parents; qu'ils se fortifiassent dans l'idée de l'exercer après eux, dans l'idée d'assurer leur existence par le travail des champs, de payer leur dette à la patrie en fécondant le sol qui la nourrit.

Voilà des faits qui auraient pour l'agriculture les plus heureuses conséquences et que se proposaient les différentes circulaires ministérielles, invitant les Conseils-Généraux à porter leur attention sur une modification de ce genre à faire subir à l'enseignement primaire (1).

Nous pensons aussi que les Sociétés d'agriculture, les Comices agricoles sont aptes à intervenir dans cet ordre de faits et à aider le pouvoir dans les efforts qu'il pourra faire pour amener les populations rurales à bien comprendre que l'instruction primaire, autant pour le bien de ces populations en particulier que pour celui du pays en général, doit être acceptée en vue de l'agriculture, doit être appliquée à l'agriculture.

Dans la seconde partie de ce travail, nous ferons connaître comment nous entendrions, de la part de ces compagnies, le genre d'intervention que nous venons de signaler.

***

Pour mettre de l'ordre, de la clarté, de la simplicité dans le vaste sujet que nous allons traiter, la première condition, c'est de fixer les divers points que nous devons y comprendre; la seconde, c'est d'arrêter la méthode que nous voulons lui imposer.

Les objets d'étude et d'examen susceptibles de figurer dans un travail du genre de celui auquel nous allons nous livrer seraient extrêmement nombreux, nous le répétons, si nous voulions tous les y comprendre, si nous voulions

---

(1) Depuis que ceci a été écrit, une loi sur l'instruction primaire a été rendue. Elle comprend les éléments de l'art agricole parmi les matières de cet enseignement.

accorder à tous la même attention. Heureusement nous pouvons nous dispenser d'agir ainsi, et nous borner à fixer votre attention sur ceux de ces objets que leur destination spéciale, ou leur nature particulière, lient d'une manière plus directe à l'agriculture.

Relativement à la méthode, voici celle que nous avons adoptée, voici les raisons qui nous ont porté à lui donner la préférence.

Notre travail est divisé en deux grandes parties.

Dans la première, nous faisons l'historique et l'exposé de l'état actuel de chacune des institutions agricoles que possède le département de la Gironde.

Dans la seconde, nous exposons les modifications ou changements dont serait susceptible chacune de ces institutions, afin d'obtenir de leur action commune le plus grand bien pour l'agriculture.

Nous avons pensé qu'en procédant ainsi, nous arriverons, et cela nous avait paru bien essentiel, à réunir ensemble, à présenter d'une manière complète, toutes ces modifications, tous ces changements.

PREMIÈRE PARTIE.

Détails historiques et statistiques sur les institutions agricoles que possède le département de la Gironde.

Bien que les détails qui vont suivre nous aient, la plus part, coûté quelques recherches, nous sommes loin cependant de les donner comme le résumé de tout ce qui peut être dit sur chacun des sujets que nous allons successivement traiter.

Notre seule ambition, en les présentant, c'est qu'ils pourront suffire à donner, de ces mêmes sujets, une idée assez complète pour faire apprécier leur valeur, pour révéler leur genre d'influence, leur degré d'utilité.

1.re SECTION.

INSTITUTIONS EXERÇANT SUR L'AGRICULTURE, DANS LA GIRONDE, UNE ACTION DIRECTE ET GÉNÉRALE.

Nous comptons nous occuper, dans cette première partie, de sujets dont quelques-uns, au premier coup-d'œil, pourront peut-être sembler, si non étrangères à l'agriculture-

proprement dite, au moins peu capables de produire sur elle l'influence décisive et salutaire que nous leur attribuons.

Qu'on ne se hâte pas trop de porter un tel jugement.

Dans une société organisée comme la nôtre et fonctionnant depuis des siècles, tout se lie, tout se tient ; et, telle institution qui semble d'abord avoir une spécialité bien distincte et bien définie, n'exerce pas moins sur d'autres, avec lesquelles elle semble n'avoir aucun rapport, une action telle qu'elle devient pour celle-ci un complément indispensable, et réciproquement.

I.

Institutions tendant principalement à la propagation des principes de la Science et de l'Art et à la réhabilitation morale de l'Agriculture, dans l'opinion publique.

Sans remonter aux temps antiques ; sans rechercher les causes de la haute estime qui fut alors le partage de l'Agriculture, de l'Art qui avait civilisé les hommes, qui leur avait révélé un droit, le droit de propriété, sur lequel n'ont cessé de s'appuyer toutes les Sociétés organisées (1) ; qui leur avait donné des lois, des mœurs, pour plusieurs mêmes, déchus de cette initiation première que devait régénérer le christianisme, qui leur avait donné une religion ; sans, disons-nous, présenter avec détails

---

(1) Un légiste célèbre a fait cette remarque, que, dans les législations anciennes, la violation du droit de propriété était punie de mort. Peut-on citer une preuve plus convaincante de l'importance qu'elles reconnaissaient à ce droit ; de l'influence capitale qu'il avait exercée sur la transformation de la Société humaine, sur la civilisation ?

ces belles époques de l'âge d'or des poètes, qu'il nous soit permis au moins de faire remarquer combien, dans nos sociétés modernes, l'estime pour l'agriculture, considérée comme profession, s'est trouvée réduite (1).

Nous vivons dans un temps où ces faits sont particulièrement remarquables ; où les conséquences malheureuses qu'ils devaient produire se précipitent, s'entassent avec une effrayante rapidité.

A la suite de révolutions qui ont proclamé et mis en pratique les grands principes de droit, de raison, d'équité qui doivent à l'avenir servir de bases aux gouvernements, une partie considérable de la Société Française, celle qui prête à la terre et aux arts mécaniques le concours quotidien de son intelligence et de ses bras, non suffisamment préparée encore à un tel changement et toute

---

(1) Les hommes qui ont recherché les causes de cette différence marquée dans l'estime accordée à l'Agriculture par les anciens et par les modernes, n'ont pas hésité à l'attribuer principalement aux changements profonds que durent subir les mœurs publiques, à la suite de l'invasion des barbares dans le midi de l'Europe, lors de la chute de l'empire Romain.

On nous permettra de citer ici quelques vers du poème de l'*Agriculture* par M. Rosset, dans lesquels cette opinion nous semble très-bien établie.

> » Des régions du Nord les barbares guerriers
> » Dédaignèrent les arts ; orgueilleux et grossiers,
> » Ils gardèrent pour eux l'arc et le cimeterre ;
> » Par les mains de leurs serfs ils cultivaient la terre.
> » Tels parurent nos Francs, enfin la vérité
> » Des siècles ténébreux perça l'obscurité ;
> » Son flambeau ramena les arts et la science :
> » Mais le travail des champs en proie à l'ignorance,
> » Par un servile instinct jusqu'à nous fut guidé :
> » *L'art le plus nécessaire est le plus dégradé.* »

imbue des idées et des opinions admises sous les régimes passés, n'a accepté le bénéfice des institutions nouvelles que comme un encouragement aux idées d'ambition qui la travaillaient autrefois ; que comme un moyen de se soustraire à une condition qu'elle croit encore humiliante ; que comme un moyen d'atteindre aux régions de la société qu'elle suppose encore seules en possession des avantages appartenant aux hommes libres.

Il y a dans ces faits, inévitables d'ailleurs ; car si les révolutions, matériellement considérées, peuvent être promptes et rapides, ce sont des années, ce sont des siècles qu'il faut pour qu'elles pénètrent dans les esprits, pour qu'elles changent les idées, les mœurs et les habitudes d'un grand peuple ; il y a, disons-nous, dans ces faits une cause féconde d'inconvénients graves, de dangers réels : et, pour l'agriculture, considérée comme base première de la richesse nationale : et, pour l'agriculture, considérée comme source féconde des garanties morales réclamées par les gouvernements véritablement libéraux.

Dès-lors, on comprend toute la valeur que peuvent avoir aujourd'hui des institutions capables de réhausser, dans l'esprit des masses, la dignité de l'agriculture ; capables d'assurer aux hommes se vouant à cette utile occupation l'estime due à leurs travaux, *l'honneur qui nourrit les arts*, selon la sublime expression du grand Bossuet.

1. COURS D'AGRICULTURE.

Ce cours fut fondé en Décembre 1837. Il fut la conséquence de démarches actives de l'administration départementale et d'une proposition faite par M. le Ministre des Travaux publics, de l'Agriculture et du Commerce à la Municipalité bordelaise : proposition d'après laquelle cette dernière, par délibération du 20 Novembre 1837, avait consenti à affecter au cours le local nécessaire (1), plus une somme annuelle pour ses frais matériels, tandis que de son côté, le Ministre inscrivait dans son budget une autre somme pour traitement du professseur.

En 1841, 1844 et 1845, le Conseil-Général vota des suppléments à ce traitement; d'abord en vue des leçons que faisait dans les cantons ruraux le Professeur, conformément aux vœux réitérés des Conseils d'arrondissements; puis en vue, également, de l'inspection dont il était chargé et dont il sera fait mention ci-après (2).

Depuis l'époque déja éloignée de son institution, le cours d'agriculture de Bordeaux n'a cessé d'obtenir un succès d'autant plus réel, que l'enseignement qu'il propage est sans contredit un de ceux qui répondent le mieux aux besoins et aux tendances de l'époque, conformément à ces paroles d'un ministre du dernier règne : « De toute » part se fait sentir en France le besoin d'instruction » agricole (3) ».

Voici du reste des chiffres à l'appui de ce fait, ils expriment :

---

(1) Ce local fut d'abord la grande salle dite de l'*Académie*, au Musée de la Ville. Plus tard, en 1845, un amphithéâtre spécial a été disposé dans le même établissement. Il peut contenir 100 auditeurs.

(2) Procès-verbaux de la session de 1841, pag. 199; de 1844, p. 65; de 1845, p. 264.

(3) Rapport de M. Passy, Ministre du Commerce et des Travaux publics (25 Août 1836), proposant l'établissement de trois cours d'agriculture au Conservatoire des arts et métiers de Paris.

1.º Le relevé du *nombre moyen* des auditeurs à chaque leçon, depuis l'année scolaire 1845–46 ;

2.º Le nombre des certificats délivrés, depuis 1841–42, à ceux des auditeurs qui désirent constater ainsi qu'ils ont suivi ces leçons.

EXERCICES.	NOMBRE d'auditeurs (1).	CERTIFICATS délivrés (2).	MATIÈRES TRAITÉES.
1841–42.		13.	
1842–43.		9.	
1843–44.		7.	
1844–45.		11.	
1845–46. (Relevé officiel).	82.	11.	Culture des céréales.
1846–47.	87.	13.	Culture des prairies.
1847-48. { Jusqu'au 24 Février 83 / Depuis. 26	54 (3).	4.	Connaissance des terres.
1848–49.	80.	10.	Amendements et stimulants.
1849–50.	76.	12.	Culture de la vigne.
Moyenne générale.	75,4.		

(1) Le relevé du nombre des auditeurs aux leçons n'a commencé qu'en 1845-46 et le 12 Février : il fut fait, alors, pendant les 20 dernières leçons de cet exercice, par un agent de la Municipalité et pour être transmis au Ministre de l'Agriculture et du Commerce ; indépendamment de la moyenne de 82, ce relevé constata : comme maximum du nombre des auditeurs, 118 : comme minimum, 47.

(2) Sur ces certificats, la signature du Professeur est certifiée par celle de M. le Préfet de la Gironde, comme représentant M. le Ministre de l'Agriculture et du Commerce.

(3) Il est à remarquer qu'au 24 Février et par suite des préoccupa-

Les leçons que nous faisons dans les cantons ruraux, durant les mois de Mai, Juin, Juillet et Août, ne sauraient se prêter à une semblable appréciation. Là, le succès de ces leçons dépend beaucoup de l'initiative de MM. les Maires. Or, s'il en est, et c'est le plus grand nombre nous nous plaisons à le reconnaître, que nous trouvons disposés à nous prêter leur concours; il en est d'autres aussi qui semblent ne pas comprendre toute l'importance que peuvent avoir de telles manifestations, pour le bien de l'agriculture (1).

Néanmoins, il nous est donné chaque année, de voir des réunions tellement nombreuses qu'il faut, pour les composer, que plusieurs auditeurs soient venus de fort loin, dans une saison où, bien souvent, ces sortes de déplacements sont extrêmement pénibles.

Mais ce qui doit surtout vous être signalé, Messieurs, c'est l'empressement avec lequel sont reçues les instructions imprimées et les graines que nous distribuons : deux objets essentiels pour lesquels vous votez chaque année une allocation spéciale (2).

---

tions du moment, plusieurs des cours publics qui se faisaient à Bordeaux, cessèrent; le cours d'agriculture put être continué jusqu'à la clôture de l'exercice

(1) Le 4 Avril 1850, M. le Préfet adressa à MM. les Maires du département une circulaire, par laquelle il engageait ces fonctionnaires à prêter tout leur concours au Professeur d'agriculture : soit qu'il eût à faire des conférences agricoles dans leurs communes : soit qu'il eût à s'y présenter comme chargé de l'inspection agricole du département.

(2) Ces instructions imprimées, nous leur donnons la forme de lettres adressées à MM. les *Propriétaires ruraux et cultivateurs* du ✳ département de la Gironde. Déjà nous avons publié cinq de ces let-

✳ Ces lettres sont de M. Éma Petit-Lafi...
par conséquent l'auteur de ce Tableau

Bien que nos leçons, à Bordeaux, devant des auditeurs instruits et familiarisés la plupart avec les sciences dont les grands principes de l'agriculture impliquent la connaissance, ne soient pas les mêmes que celles des cantons ruraux, principalement devant des hommes exerçant déjà l'agriculture et en connaissant à fond la pratique; partout, néanmoins, il est deux considérations que nous ne perdons jamais de vue, que nous nous faisons un devoir de conscience de placer au premier rang des obligations qui nous sont imposées.

Nous mettons tous nos soins à ne pas induire à erreur les hommes qui viennent nous écouter : soit par l'exposition de méthodes encore douteuses : soit par l'exaltation de ce qui se fait ailleurs, sous l'influence de circonstances physiques et morales qui ne sauraient être les nôtres. En agriculture, pour ne pas perdre de vue le vrai, le possible; pour ne pas marcher au hasard, il faut être non-seulement de son temps, mais aussi, et peut-être plus encore, de son pays.

---

tres. La première (1847) : *Des Considérations physiques et morales qui militent en faveur de l'amélioration de notre agriculture,* etc... la deuxième (1847) : *Exposé sommaire des principaux désavantages du système de culture suivi dans la Gironde,* etc.....; la troisième (1848): *Principes généraux et pratiques de la culture du trèfle de Hollande,* etc.. ; la quatrième (1849) : *De l'Egouttement et de l'Assainissement des terres,* etc. .; la cinquième (1850) : *Des Prairies naturelles, par rapport au système de culture que le climat, la terre,* etc., *imposent au département de la Gironde.*

Quant aux graines, nous les accompagnons aussi d'une petite instruction sommaire collée sur la poche qui les renferme. C'est ainsi que nous avons distribué notamment de la graine de *rave de Périgord*, de *rutabaga*, de *chou branchu*, de *trèfle*, etc..., etc..

Nous mettons tous nos soins également à ne rien ôter à l'agriculture de sa valeur comme science, de sa dignité comme art ; à la présenter, aux hommes déjà pourvus des bienfaits d'une instruction avancée, comme le but convenable de cette instruction ; à la présenter, à ceux qui veulent en faire un moyen de leur existence quotidienne, comme la plus digne, comme la plus noble des occupations !

2. Inspection agricole.

Par deux décisions successives, insérées dans le cahier de ses procès-verbaux (1), le Conseil-Général du département de la Gironde a voulu que le professeur d'Agriculture, déjà chargé d'étendre son enseignement sur les cantons ruraux, exerçât une inspection agricole et présentât, chaque année, le résultat de cette inspection à M. le Préfet et à MM. les membres du Conseil-Général.

Cette obligation a été strictement remplie, et les rapports généraux auxquels elle a donné lieu, ont été remis annuellement, depuis 1845, à l'autorité départementale.

Il ne nous appartient pas, sans doute, de louer cette mesure, de l'accomplissement de laquelle nous sommes chargé. Toutefois, on nous permettra de dire que c'est là un excellent moyen, pour l'administration, de bien connaître l'état de l'agriculture, de savoir quels sont ses besoins afin de lui venir en aide.

----

(1) *Procès-verbaux des séances du Conseil-Général*, session de 1844, séance du 28 Août ; session de 1845, séance du 6 Septembre.

Ajoutons qu'il résulte, de cette série de rapports, que l'agriculture du département est engagée dans une voie de progrès ; que ce progrès, quant à sa manifestation et à son intensité, varie selon les localités nombreuses qu'il renferme, mais que partout son existence est réelle et sa constatation facile.

3. MAISON AGRICOLE DES ORPHELINS DE SAINT-LOUIS.

Cette institution remonte à l'année 1836 : elle eut pour origine l'adoption que fit M. l'abbé Dupuch, depuis évêque d'Alger, des enfants laissés sans ressources par les naufragés de six chaloupes de pêche du bassin d'Arcachon.

Confiée plus tard au zèle éclairé et charitable de M. l'abbé Buchou, elle prit bientôt un grand développement, en adoptant le caractère agricole qu'elle n'avait pas eu d'abord et en se fixant dans les champs.

D'abord ce fut dans la commune de Gradignan, sur la propriété de M. Édouard Roux : plus tard, en 1841, à Villenave d'Ornon, sur une propriété que son étendue et sa proximité de Bordeaux, rendaient on ne peut plus propre à ce genre d'affectation (1).

Déjà, en 1840, le Conseil-Général avait jeté les yeux sur la maison des jeunes orphelins de Saint-Louis et voté en sa faveur une subvention de 500 fr. (2), qui fut maintenue en 1841 (3).

En 1842, la même assemblée entendit, sur cette ins-

---

(1) Cette propriété, située sur la route de Toulouse, est d'une étendue de 43 à 44 hectares, comprenant : terres labourables, vignes, prairies, bois, acacias, jardins, agréments, etc... De belles constructions s'y trouvent aussi et ont été considérablement augmentées.

(2) Procès-verbaux.—Session de 1840, p. 519.—(3) *Id.* 1841, p. 197.

titution, un rapport très-détaillé et dans lequel se trou-
vaient, entr'autres, ces phrases destinées à caractériser
sa nature et ses tendances.

» Faire des cultivateurs probes et intelligents; resti-
» tuer à la culture si morale et si utile des champs une
» portion de la population qui lui échappe si malheureu-
» sement.

» Préparer, par l'apprentissage des bonnes méthodes,
» une pépinière d'hommes pratiques qui puissent offrir
» aux propriétaires de ce département de bons maîtres-
» valets, des régisseurs, des hommes d'affaires connais-
» sant la comptabilité, et, ce qui est plus difficile et plus
» rare peut-être, élevés dans les principes religieux, que
» Voltaire lui-même appréciait si fort chez un intendant;

» Donner ainsi un asile et une carrière à de pauvres
» enfants orphelins, auxquels notre Société philanthro-
» pique n'offre généralement que des sympathies écrites
» dans les livres, insaisissables dans les faits et les ac-
» tes : —Voilà, Messieurs, l'œuvre, non pas projetée,
» non pas tentée, mais pleinement exécutée à vos portes
» depuis trois ans par le zèle chrétien (1) ».

Ce fut par suite du rapport, d'où sont extraites ces
paroles remarquables, que le Conseil-Général remplaça
la subvention qu'il avait maintenue jusque-là, par la création de dix bourses, de 200 fr. chacune, au profit de la
maison agricole des jeunes orphelins de Saint-Louis.

Ces bourses, disait encore le rapporteur, seront réparties ainsi qu'il suit : quatre seront affectées à des
enfants déjà admis dans l'établissement, et à six des or -

---

(1) *Id*. 1842, p. 358.

phelins, répartis dans les six arrondissements du département et dont le choix appartiendra au Conseil–Général (1).

En 1844, dans un nouveau rapport, particulièrement
remarquable par les détails de culture qu'il renferme,
on lit ce qui suit . « Vous apprendrez sans doute avec
» plaisir aussi, MESSIEURS , que le Conseil municipal de
» Bordeaux, reconnaissant avec vous les services qu'est
» appelé à rendre l'établissement agricole de Saint-Louis,
» l'entoure de ses vives sympathies , et à votre exemple,
» a voté cinq bourses de 200 fr. dont il s'est attribué la
» répartition au profit de cinq orphelins de la ville (2) ».

4. COLONIE AGRICOLE DU FRÈRE FÉLIX.

Le but que se propose le frère Félix est le même que
celui que poursuit M. l'abbé Buchou : tous deux veulent
venir en aide à l'agriculture en lui fournissant des auxiliaires probes et intelligents , en ramenant vers elles des
populations qui s'en éloignent.

Depuis quatre ans que le frère Félix est fixé dans l'arrondissement de Lesparre , sa famille agricole, qui con-
sistait en un très–petit nombre d'enfants pris dans les
hospices de Bordeaux, s'est beaucoup accrue et mainte-
nant elle suffit à trois établissements fixés à Lesparre, à
Saint-Laurent et à Saint-Vivien. Bientôt même, il compte
en fonder un quatrième dans le canton de Pauillac.

Les propriétaires du Médoc , la plus part protecteurs
de l'œuvre du frère Félix, trouvent dans cet établissements la main-d'œuvre exigée par leurs cultures, dans

______

(1) *Id.* 1842, p. 359.
(2) *Id.* 1844 , p. 77.

des moments surtout où la population du pays ne saurait suffire à la leur fournir et où les départements voisins, celui de la Charente-Inférieure, particulièrement, sont obligés, sous ce rapport, de leur venir en aide.

Conduits par des chefs ou contre-maîtres de 14 à 16 ans, de jeunes enfants dispos et résolus vont ainsi travailler soit à la vigne, soit aux prairies, soit aux champs de blés. Et, lorsqu'il s'est agi d'avoir des renseignements sur ces faits pour les transmettre au gouvernement, à propos de l'exposition nationale des produits de l'industrie et de l'agriculture française, ce ne sont que des éloges qui sont parvenus à M. le Préfet : tant sous le rapport de l'ouvrage exécuté que sous celui de la soumission, de la politesse et de la conduite des jeunes travailleurs.

Ainsi, retirer des hospices les enfants en état d'embrasser la profession d'agriculteur ; les initier à tout ce que comporte cette noble et utile profession ; leur donner les principes religieux qui font les bons citoyens, les serviteurs probes et dévoués ; les porter alternativement sur les différents points où leur concours peut être nécessaire, où leur instruction peut gagner ; leur créer un petit pécule pour les établir plus tard comme métayers ou fermiers : telles sont les vues du frère Félix, telle est l'œuvre à laquelle il se livre avec cette persévérance, cette abnégation que peut seule inspirer la religion d'amour et de charité et qu'elle promet de récompenser de la manière la plus éclatante : « Sois miséricordieux pour » les jeunes orphelins comme un père, tu seras le fils » obéissant du Très-Haut, et à son tour, il aura pitié » de toi plus qu'une mère ». (ECCL. Ch. IV).

5. FERME-ÉCOLE ET INSTITUT RÉGIONAL AGRICOLE.

Le projet d'établir, dans le département de la Gironde, une ferme-école, ne pourra manquer d'être présenté de nouveau au Conseil-Général et de recevoir une solution conforme aux intérêts agricoles de la contrée.

Celui relatif à un institut régional, devra aussi donner lieu à de nouvelles investigations.

A l'égard de ce dernier et comme nous l'exprimions l'année dernière, il n'est pas douteux que l'importance culturale du département de la Gironde, les ressources nombreuses offertes par la proximité d'une ville telle que Bordeaux et la juste renommée de nos produits œnologiques, ne nous donnent les titres les plus légitimes à une préférence qu'avoueraient également et la justice et le bien de l'agriculture.

Dans tous les cas, il est une considération qui n'échappera pas à la haute sagacité des hommes auxquels nous nous adressons et que, peut-être, nous pourrions nous dispenser de consigner ici. C'est que, pour l'un et pour l'autre de ces établissements, la condition qui doit le plus occuper, qui doit tout dominer dans les intérêts à concilier, dans les informations à prendre, dans le choix à faire, c'est la condition du succès.

Qu'on ne le perde pas de vue, car telle est l'opinion des plus grands maîtres en cette partie, un insuccès, un désastre, sont plus préjudicables à l'agriculture, qu'ils discréditent, qu'ils arrêtent dans la voie du progrès, que toutes les autres causes de retard contre lesquelles nous entendons sans cesse discourir.

II.

Institutions tendant principalement à la réalisation des progrès que comporte l'agriculture, dans le département de la Gironde.

En principe, toutes les connaissances humaines sont incessamment perfectibles, par cette raison bien simple que l'esprit humain lui-même va sans cesse se perfectionnant et que sans cesse aussi les besoins des hommes, vivant en société, vont se variant et se multipliant à l'infini.

Mais cette perfectibilité, en ce qui est particulier à l'agriculture, a pour règles deux considérations d'une très-haute importance et dont on aurait bien tort de ne pas tenir compte.

D'abord, il est incontestable que l'art qui est né et s'est développé sous l'influence des besoins les plus impérieux et les plus incessants des hommes, a dû faire, dès le principe, les progrès les plus rapides, afin de se tenir constamment au niveau des exigences qu'il avait mission de satisfaire. De toutes les connaissances que nous ont transmises les anciens, a dit le savant Cuvier, l'agriculture est celle qu'ils nous ont laissée dans d'état le plus voisin de la perfection (1).

____

(1) Ici une observation importante doit être faite.

Ce que nous disons, ce que disent les paroles du savant Cuvier, doit s'entendre de l'agriculture comme art d'application, comme méthodes pratiques.

Ainsi, il est évident par exemple que les 3e et 4e livres de l'ouvrage de Columelle forment un traité de culture de la vigne que l'on dirait écrit de nos jours.

Mais si nous considérons l'agriculture comme science, il est évi-

En second lieu , comme les procédés agricoles s'exercent sous l'influence de lois naturelles dont leur application doit tenir compte, sous peine d'insuccès, il est incontestable encore que les progrès de l'agriculture, par
leur genre et le degré qu'ils atteignent , se montrent toujours subordonnés , de la manière la plus étroite, à ce
qu'a de particulier l'expression de ces lois pour chaque
localité donnée.

Ces deux considérations font parfaitement comprendre
combien sont nécessaires, en fait d'améliorations agricoles , la sagesse, la prudence , la modération et aussi la
connaissance des temps et des lieux.

Effectivement , non-seulement toute tentative d'amélioration agricole qui se départit de ces règles de conduite
aboutit presqu'infailliblement à l'insuccès ; mais encore
cet insuccès réagit sur les moyens employés, sur la
science elle-même , et les discrédite dans l'esprit des
masses.

Quand de tels résultats sont dus à des hommes isolés ,
ils sont regrettables sans doute ; car la ruine d'un cultivateur est toujours chose malheureuse , toujours elle a
des conséquences funestes pour les progrès de l'art ;
mais quand ils ont pour causes les instigations d'une
compagnie , d'une association agricole , oh ! alors ils re-
vêtent un caractère bien autrement grave et les amis de
la prospérité publique doivent s'en affliger.

---

dent aussi que cette science , ce sont les modernes qui l'ont créée. Tout
ce que la physique, la chimie, l'histoire naturelle , etc.., etc.., ont
fourni à l'agriculture, est l'œuvre des modernes. Et , disons-le aussi,
dans ce travail qui se poursuit chaque jour avec la plus louable ac-
tivité, la France peut revendiquer la plus large part.

Ainsi encore, on comprend combien ces compagnies : sociétés d'agriculture, comices agricoles, etc... doivent se montrer circonspectes dans les propositions qu'elles font, dans les moyens qu'elles adoptent, dans les prix et récompenses qu'elles proposent, en vue des perfectionnements et des progrès de l'agriculture.

1. COMPAGNIES SAVANTES, OU ASSOCIATIONS S'OCCUPANT PLUS OU MOINS SPÉCIALEMENT D'AGRICULTURE.

Le département de la Gironde possède plusieurs sociétés ou compagnies savantes s'occupant d'agriculture, soit comme but essentiel de leur institution, soit comme complément des statuts qu'elles se sont imposés.

Nous allons signaler successivement ces compagnies, en suivant pour cela l'ordre chronologique de leur fondation.

A. Académie des Sciences, Belles-Lettres et Arts de Bordeaux.

Déjà, depuis le 5 Septembre 1712 date des Lettres patentes données à Fontainebleau par Louis XIV, Bordeaux possédait une Académie des Belles-Lettres, Sciences et Arts. Cette Académie, qui compta parmi ses membres des hommes tels que Montesquieu, après plusieurs changements introduits dans ses statuts fondamentaux décida, en 1729, qu'elle comprendrait l'agriculture parmi les matières devant fournir des questions à ses concours publics.

Il résulte de recherches faites par l'honorable M. Billaudel que, pendant une période de 105 ans ans, l'Académie de Bordeaux avait mis au concours 39 questions d'agriculture ; que 12 de ces questions avaient obtenu

les récompenses promises, et que 27 avaient été reti-
rées (1).

Depuis la fin de cette période, c'est-à-dire depuis l'année 1818 jusqu'au moment ou nous écrivons, l'Académie n'a guère laissé passer d'années sans comprendre
dans son programme une ou plusieurs questions d'agriculture, choisies parmi les plus capables d'intéresser la
localité et d'ajouter à son bien-être.

En 1820, l'Académie qui n'avait pas encore repris
d'une manière officielle le titre et les statuts que lui
avaient fait perdre la révolution et qui ne devait rentrer
en possession de tout cela qu'en 1828, avait cependant
institué une Commission permanente d'agriculture.

Cette institution coïncide avec l'arrêté du Préfet de la
Gironde, en date du 20 Mars 1820, qui portait qu'il serait établi, tant à Bordeaux que dans chacun des autres

---

(1) Parmi ces questions citons, particulièrement les suivantes. — *Sur
la cause qui corrompt et noircit les épis de blé.* L'ouvrage suivant
fut la conséquence de cette question : *Dissertation sur la cause*, etc.,
*et sur les moyens de prévenir ces accidents, qui a remporté le
prix au jugement de l'Académie de Bordeaux*, etc ..., *par Tillet*,
1755, in-4.º — *Procédé pour conserver la farine de maïs.* Un nou-
vel ouvrage fut encore la conséquence de cette question, il a pour
titre : *Mémoire couronné le 25 Août 1784 par l'Académie de Bordeaux, sur cette question*, etc... *par Parmentier*, 1785, in-4º. Mentionnons aussi deux questions relatives à la vigne; la première : *Quels
sont les insectes qui attaquent la vigne?* (1779), la seconde :
Moyen de perfectionner les espèces de vignes (1800). — Trois
questions relatives aux landes; deux relatives aux fourrages; trois relatives aux prairies et fourrages; deux relatives aux bestiaux; une
relative à la culture de la soude; une relative à la culture du colza;
une relative aux marnes; douze relatives aux pommes de terre.

On trouve à la Bibliothèque de la ville, cinq volumes in-4.º des
dissertations couronnées par l'Académie de Bordeaux.

chefs-lieux d'arrondissement de la Gironde, une Société d'agriculture (1).

Enfin le règlement fondamental de l'Académie de Bordeaux promulgué en 1826, prescrivait (Art. 35) les dispositions suivantes : « Quatre des séances générales de » l'Académie sont consacrées chaque année exclusive- » ment aux *travaux de l'agriculture* ».

Conformément à ces antécédents, l'Académie des Sciences de Bordeaux, a toujours continué à s'occuper d'agriculture. Elle a rédigé des questions agricoles qu'elle distribue à tous les agriculteurs qui veulent y répondre. Elle a institué, dans le département, des correspondants agricoles. Elle réserve chaque année, dans les programmes qu'elle publie, une partie distincte pour les matières purement agricoles.

B. Société Philomathique

La Société Philomathique a été fondée en 1808. Soumise, comme toutes les autres compagnies analogues, à des transformations successives, elle n'a jamais cessé de se montrer fidèle au motif qui détermina particulièrement sa formation : la propagation des connaissances utiles, principalement au moyen de cours publics. On connaît son école primaire d'adultes et ses expositions quinquennales des produits de l'industrie et des arts. On connaît également ses travaux nombreux et importants en sériciculture.

---

(1) Déjà une Société d'agriculture avait été établie à Libourne, par Ordonnance royale du 7 Janvier 1818.

C. Société Linnéenne.

La Société Linnéenne (du nom du célèbre naturaliste *Linné*), fut fondée en 1819 ; neuf ans plus tard, le 15 Juin 1828, une Ordonnance royale lui donna l'existence légale.

Les travaux de cette Société ont pour but l'histoire naturelle et ses nombreuses applications, principalement à l'agriculture. C'est ainsi qu'elle a publié des mémoires du plus haut intérêt sur la géologie, la zoologie, la botanique du département, au moyen du recueil de ses *Actes* qui compte aujourd'hui 16 volumes et qui figure dans les bibliothèques des savants français et étrangers.

La culture de la vigne notamment a beaucoup occupé la Société Linnéenne, c'est à elle que l'on doit le champ de synonymie existant au château de Carbonnieux, le plus complet qui soit en France.

Ses programmes annuels renferment sous le titre de : *Histoire naturelle appliquée*, un chapitre consacré à l'agriculture, et il est rare que chaque année elle n'ait pas l'occasion d'accorder quelques médailles pour cette spécialité.

Pendant plusieurs années elle a publié un petit volume intitulé : *Annuaire de la Société Linnéenne de Bordeaux, guide du cultivateur et du fleuriste*, etc.... La gravité des évènements politiques et les préoccupations qu'ils ont jeté dans les esprits l'ont seule forcée à suspendre momentanément cette publication. Elle a fondé le Marché aux Fleurs, de Bordeaux.

En principe, les intermédiaires.indispensables entre, d'une part, le gouvernement et le département qui donnent chaque année des fonds pour encouragement à l'agriculture, et d'autre part, les communes d'un département qui toutes ont un droit égal à ces fonds, ce sont des associations, Comices ou Sociétés d'agriculture, chargées de faire connaître l'existence de ces fonds, d'établir les conditions de leur obtention, d'en effectuer la remise à ceux qui les ont mérités.

Il suit de là qu'il n'y a véritablement d'encouragement agricole proposé, de progrès réalisé par ce moyen, que là où il existe des Comices ou des Sociétés d'agriculture et que, partout ailleurs, ces moyens de progrès restent sans influence, sans application.

Déjà, en 1846, dans votre rapport annuel au Conseil-Général, nous avions développé ces considérations et **M. le Préfet**, en les mettant sous les yeux de cette assemblée, disait qu'elles lui semblaient dignes de fixer son attention (1).

Depuis-lors les choses ont changé, il est vrai; de nouveaux efforts ont été faits par l'administration, en vue de la création de Comices là où il n'en existait pas; nous-même avons eu l'honneur d'être appelé à travailler à cette œuvre importante, et, si tant d'efforts n'ont pas eu le succès immédiat que l'on aurait désiré, tout fait espérer néanmoins que le moment arrivera enfin où toutes les localités du département seront pourvues de ces utiles et moralisantes institutions.

---

(1) *Procès-verbaux du Conseil-Général*, session de 1846, p. 207. Pour se faire une idée de l'état dans lequel étaient les choses à

Voici au surplus , à cet égard , l'état actuel des choses.

ARRONDISSEMENTS.	NOMBRE ET ÉTAT DES COMICES.
I. BLAYE......................	Un Comice est en projet dans cet arrondissement, sur le plan que nous développons ci-après.
II. LIBOURNE..............	Même observation. En outre Guîtres et Lussac possédaient un Comice en commun qui a été séparé en 1850.
III. LA RÉOLE.	Un Comice y a été établi en 1849, sur le plan développé ci-après, il paraît devoir s'y maintenir et y réaliser le plus grand bien.
IV. BAZAS....................	Même observation que pour Blaye.
V. BORDEAUX.	Il possède un Comice à Créon , fondé en 1835. Un à La Teste, dit des *Landes de la Gironde*, fondé en 1840. Un à St-André-de-Cubzac, fondé en 1847, sur le plan ci-après.
VI. LESPARRE..............	Il existe un Comice à Lesparre, comprenant tout l'arrondissement, fondé en 1839 et se recommandant , entr'autres, par l'excellente institution d'un concours de vignerons pour la taille de la vigne.

Il est plusieurs autres Comices qui ont cessé d'agir depuis peu d'années. Ainsi celui de Sainte-Foy dont l'existence de 1837 à 1848 a été des plus brillantes et des plus fructueuses (1), ainsi encore Libourne, Coutras, Grignols , etc...

---

cette époque, il suffit de jeter un coup-d'œil sur la carte que nous avions jointe à notre travail et dans laquelle nous avions indiqué les Comices agricoles du département et signalé leur rayon d'action.

(1) Le Comice de Sainte-Foy a pu longtemps être cité pour modèle, tant à cause du zèle de ses membres qu'à cause du véritable talent d'observation et de pratique dont il faisait preuve. Le régistre de ses procès-verbaux , que nous avons parcouru , peut être considéré comme un traité complet de la culture de la contrée et des améliorations dont cette culture est susceptible. Ce Comice possédait une collection de bons instruments aratoires , déjà assez nombreux et un commencement de bibliothèque agricole.

Relativement au mode d'organisation des Comices, il était trois points principaux qu'il fallait chercher à réunir, dans le triple but de la possibilité de leur établissement, de l'assurance de leur conservation et de l'efficacité de leurs efforts.

1.º Une réunion de localités assez nombreuses, assez étendues pour former à chaque Comice un ressort qui pût lui permettre de disposer de ressources assez importantes pour exciter l'émulation des cultivateurs, et aussi pour lui rendre facile la composition d'un personnel dirigeant, pourvu des qualités que nous signalions ci-dessus, comme indispensables à ce personnel;

2.º Un centre commun d'action, ou le bénéfice d'une centralisation dont les avantages administratifs sont incontestables, tant que cette centralisation ne va pas jusqu'à absorber les localités secondaires, jusqu'à les dépouiller de toute influence dans l'œuvre commune, jusqu'à les destituer de toute valeur particulière.

3.º Une juste part d'action, d'initiative, réservée à chacun des cantons compris dans la même association agricole.

Or, pour satisfaire à ces deux premières conditions, il est évident que c'est par arrondissement que devaient s'établir les Comices agricoles à créer dans le département de la Gironde.

Pour satisfaire à la troisième, il est évident encore que c'est dans les statuts, de ces Comices, que devaient être placées les dispositions capables de concilier les avantages d'un centre principal avec ceux, non moins précieux, d'un concours libre et empressé de la part des autres centres secondaires.

Nous ne transcrirons pas ici les statuts que nous avons eu l'honneur de proposer aux Comices récemment formés et qu'ils ont adoptés, et à ceux en voie de formation. Nous nous bornerons seulement à en indiquer le mécanisme :

Ainsi, le centre du Comice placé au chef-lieu d'arrondissement ;

Tous les propriétaires ruraux et cultivateurs de l'arrondissement appelés à en faire partie ;

Indépendamment des officiers du Bureau (Président, secrétaire, etc...), deux officiers spéciaux dans chaque canton : un *Commissaire cantonnal* et un *Sous-commissaire cantonnal;*

Deux réunions générales par an au chef-lieu d'arrondissement ;

Une réunion au moins, également par an, dans chaque canton et des membres appartenant au canton : réunion présidée par le Commissaire cantonnal,

Un programme des prix, primes et récompenses, divisé en deux parties et renfermant : dans la première partie, des prix proposés à tout l'arrondissement indistinctement : dans la seconde, des prix proposés à chaque canton, suivant la nature particulière de sa culture.

Dans cette première partie, une prime dite : *Prime d'arrondissement*, destinée à récompenser l'exploitation la plus remarquable dans son ensemble, et revenant périodiquement ainsi que la fête solennelle et les concours, dans chacun des cantons, d'après un ordre déterminé d'abord par le sort.

Au moyen de ces dispositions simples et faciles à exécuter, il nous semble qu'un comice peut réaliser dans un arrondissement tout le bien que l'on doit attendre de ces sortes d'institutions; en même temps qu'il offre à l'administration le moyen de faire parvenir, jusque dans les plus humbles communes, le bienfait de l'excitation au progrès; qu'il ne laisse aucune portion du ressort qu'il embrasse, étrangère à ce bienfait.

C'est sur ce plan qu'est fondé, comme nous l'avons dit, le comice de La Réole et que pourront être formés encore ceux de Blaye, Libourne et Bazas.

Nous devons le dire ici, puisque tel est le résultat des observations et des recherches auxquelles nous nous sommes livrés à cet égard : jamais empressement de la part des cultivateurs ne fut plus grand, plus général, en faveur de telles institutions; jamais l'administration ne réunit autour d'elle plus d'éléments de succès pour en provoquer la fondation; jamais les nécessités sociales auxquelles elle a mission de satisfaire ne lui firent, de cette initiative, une plus impérieuse obligation.

F. Société d'Agriculture.

Les Sociétés d'Agriculture proprement dites, sont d'origine anglaise et l'on considère la Société d'Agriculture établie à Dublin, en 1731, comme la plus ancienne et comme ayant servi de modèle à toutes celles qui ont été fondées plus tard.

Les États de Bretagne fondèrent, en 1757, la Société d'Agriculture de Rennes.

Celle de Paris dut son établisssement à un arrêt du Conseil, du 1.er Mars 1761.

Le ministre Bertin, sous l'administration duquel cette mesure importante fut adoptée, avait formé le dessein de l'étendre à toutes les généralités, et il résulte effectivement d'un mémoire qu'il présenta au Roi, sous le titre de : *Mémoire sur les Sociétés d'Agriculture et les biens qu'elles ont procurés*, « qu'on était parvenu successi- » vement, et dès 1761, à former dans vingt et une » Généralités, dix-huit sociétés d'agriculture, dont les » membres ne s'occupaient plus que du soin d'encoura- » ger les peuples à la culture, et par leurs leçons et » encore plus par leurs exemples ».

« Les Sociétés d'Agriculture des provinces, » disait encore le même ministre, « forment dans l'état un corps » de plus de deux mille sujets du roi qui s'occupent gra- » tuitement et uniquement, pour le plus grand bien de » l'État, du soin d'encourager et d'instruire les cultiva- » teurs. *Cinq cents livres par année* suffisent à chaque » bureau pour les frais de feu, de lumière, de copiste ; » et quand ils excèdent cette dépense, comme pour quel- » que prix proposés aux cultivateurs, comme pour dis- » tribuer des semences et des graines de prairies artifi- » cielles, il faut qu'ils envoient le projet au ministre. » Cet objet, y compris les frais de bureau, jusqu'à pré- » sent n'excèdent pas annuellement la somme de mille » francs ».

Bordeaux, comme centre d'une des plus importantes provinces de France, dut posséder aussi une Société d'Agriculture. On s'en était occupé dès l'année 1760, ainsi qu'il résulte d'une lettre de M. le contrôleur-géné- ral des finances, en date du 22 Août, adressée à M. l'in- tendant de Guienne, alors M. de Tourny fils, et proposant

L'article 8 , prescrivait une correspondance active entre bureaux et aussi avec les *cultivateurs par profession*.

L'article 10 , portait « Les bureaux particuliers enver-
» ront tous les trois mois au bureau de Bordeaux un
» mémoire contenant le précis de leurs observations
» et de leurs découvertes, afin que le bureau de Bor-
» deaux soit en état de former le corps d'observations de
» la Société pour l'adresser à M. le Contrôleur-général
» et qu'il puisse en être rendu compte au Roi ».

Tels étaient, en peu de mots , et le but et les statuts
de la Société d'Agriculture fondée à Bordeaux en 1760.
La netteté et la précision de ce but n'ont pas besoin de
commentaires. Quant aux statuts , il est facile de comprendre , en les lisant , qu'ils tendaient à organiser et à
résumer dans un centre commun, tous les efforts qui
se faisaient dans la province de Guienne en vue du perfectionnement de son agriculture. C'était là , il ne faut pas
se le dissimuler , le meilleur et le plus puissant des moyens
de succès.

Il serait sans utilité pour le moment de rechercher les
causes qui gênèrent l'exercice de la Société d'Agriculture
de Bordeaux et qui ne lui permirent pas de répondre aux
vues de ses fondateurs; qui firent que cette spécialité
dut chercher un refuge dans l'Académie des Sciences et
attendre jusqu'en 1835 qu'une compagnie, uniquement
formée dans les intérêts de l'Agriculture , s'occupât de
nouveau de tout ce qui pouvait la faire progresser.

Effectivement , un comice agricole fut fondé à Bordeaux en 1835 : en 1841 , ce comice prit le titre de *Société d'Agriculture du département de la Gironde*.

En changeant ainsi de nom, la compagnie qui s'était

acquis des titres à l'estime publique et à la protection de l'administration, devait aussi changer sa manière d'agir et, à un mode d'action jusque-là renfermé dans l'arrondissement de Bordeaux, en faire succéder une autre embrassant le département tout entier. La révision de son réglement fondamental fut le premier moyen employé dans cette intention.

Bien qu'au fond le but soit le même, il y a cependant cette différence, entre un Comice et une Société d'Agriculture, que le premier, nécessairement renfermé dans une localité très-limitée et disposant de ressources également réduites, suit en quelque sorte le progrès agricole dansses développements pratiques; tandis que la seconde, agissant sur un champ plus vaste et disposant de plus de ressources, indique et provoque ce progrès d'une manière plus directe et plus énergique.

De là, la nécessité de rédiger les programmes annuels, publiés par ces deux sortes de compagnies, d'une manière toute différente.

De là peut être le danger, pour les comices, de vouloir introduire dans les leurs des questions trop élevées, trop générales et trop en avant de la pratique locale et journalière; de là au contraire, pour les sociétés d'agriculture, le danger de vouloir renfermer les leurs dans des limites trop étroites, de trop vouloir les vulgariser, de leur ôter ainsi le caractère d'importance et de solennité qu'ils doivent avoir, pour agir sur l'ensemble de l'agriculture, pour donner à celle-ci une forte impulsion vers le progrès.

Quoiqu'il en soit de cette distinction, il est deux points principaux qui nous semblent plus particulièrement devoir fixer l'attention des sociétés d'agriculture et donner lieu, de leur part, à des manifestations auxquelles les comices ne sauraient satisfaire d'une manière aussi complète.

D'abord ce sont les fêtes solennelles, avec concours, luttes, exhibitions de produits, d'animaux, d'instruments, etc., avec toute l'excitation, tout l'éclat qu'ajoutent à ces sortes de manifestations la réunion de nombreux spectateurs, la présence de l'autorité et la sanction de la Religion (1). A ce sujet et longtemps avant qu'on songeât à réaliser cette idée, notre illustre compatriote, le célèbre Montesquieu avait dit : « Dans le midi de l'Europe, où les peuples sont si fort frappés par le point d'honneur, il serait bon de donner des prix aux laboureurs qui auraient le mieux cultivé leurs champs (2) ».

En second lieu, c'est l'institution d'un grand prix d'ensemble, de ce que l'on pourrait appeler une *prime départementale*.

L'agriculture, considérée comme application, étant une œuvre essentiellement complexe et toutes les récompenses proposées à divers titres par les Sociétés d'Agriculture et les Comices ayant pour but définitif la perfection de cette œuvre, il semble naturel qu'une récompense éclatante doit lui être réservée. Que cette récompense soit

---

(1) L'usage de célébrer la messe sur l'amphithéâtre même qui servira à la distribution des récompenses, est déjà ancien dans les traditions de la Société d'Agriculture. Déjà il avait été adopté en 1841 à la fête qui fut célébrée à Saint-André de Cubzac, dans la magnifique propriété de M. Hubert-Delisle. Depuis il a été repris à Bourg, en 1848, à La Réole, en 1849 : à ces deux dernières époques c'est Mgr. l'Archevêque de Bordeaux qui a voulu se charger de l'accomplissement de cette partie du programme.

(2) *Esprit des Lois* : L. XIV, ch IX.

telle qu'on puisse la considérer tout à la fois , et comme la juste rénumération de combinaisons , d'applications et de travaux également profitables , et comme une sorte de désignation , de la propriété ainsi récompensée , à l'imitation des autres cultivateurs de la contrée.

Voilà un genre d'encouragement qui nous semble parfaitement devoir rentrer dans les attributions d'une société d'agriculture et , dans notre seconde partie, nous ferons connaître les moyens de sa mise en œuvre.

Nous aurions pu encore dire un mot des prix de moralité , de leur immense utilité , de leur merveilleux effet et de l'importance , de l'éclat , que pourraient y ajouter les sociétés d'agriculture , en général , en les réduisant à un nombre plus restreint , en définissant d'une manière plus précise les conditions qui y donnent droit et surtout en rendant public , en popularisant , par des publications spéciales , les noms de ceux qui les ont obtenus , les faits , les actions qui les leur on fait attribuer.

L'agriculture , par ses moyens d'exécution , est demeurée ce qu'elle était aux temps primitifs. Aujourd'hui encore , comme à ces époques reculées , ses conditions les plus essentielles de succès sont la bonne foi , la probité , le dévouement sincère des agents nombreux dont elle demande le concours.

2. PRESSE AGRICOLE.

En agriculture, la presse peut remplir la même mission de progrès et d'avenir qu'en politique ; en agriculture , cette presse ne saurait commettre les mêmes écarts , faire courir les mêmes dangers qu'en politique. En agriculture , le champ à parcourir est certes aussi vaste , les réformes à signaler aussi nombreuses, les améliorations à recommander aussi importantes ; mais tout cela est heureusement étranger aux sentiments, aux passions que soulève la politique et c'est ce qui explique aussi, et le peu de développement de la presse agricole, et son peu de succès, particulièrement dans les départements.

Il y a plus, car il faut tout dire, il est des personnes et le nombre en est assez grand, qui se figurent qu'on ne peut rien écrire en agriculture. Pour ces personnes le mot de *théorie* fait justice de toutes ces prétentions. La remarque que nous faisons ici, le patriarche de l'agriculture française l'avait déjà faite ; il l'avait consignée dans son *Théatre d'agriculture et mesnages des champs,* dans les termes suivants : « Il y en a qui se moquent de » tous les livres d'agriculture et nous renvoient aux pay- » sans sans lettres, lesquels ils disent être les seuls juges » compétents de cette matière, comme fondés sur l'ex- » périence, seule et seule règle pour bien cultiver les » champs ; certes, pour bien faire quelque chose, il faut » bien entendre premièrement ».

Le département de la Gironde possède deux journaux mensuels d'agriculture : l'*Ami des champs* qui a atteint sa vingt-huitième année d'existence, l'*Agriculture* qui n'en compte encore que dix. Nous pouvons garantir que ni l'une ni l'autre de ces publications ne constituent une spéculation.

En outre, la Société d'Agriculture publie depuis cinq ans un recueil trimestriel sous le titre d'*Annales,* etc.

Enfin, on peut considérer encore, comme servant souvent d'organe de publicité à de hautes questions d'agriculture, les *Actes de l'Académie des Sciences, Belles-*

Lettres et Arts de Bordeaux, recueil également trimestriel et ceux de la *Société Linnéenne.*

Tout cela a sa valeur et son utilité sans doute, mais nous sommes persuadé qu'on pourrait avec avantage y ajouter autre chose ; que l'on pourrait appeler au secours de l'agriculture cette presse éphémère, dont la politique tire un si grand parti et qui propage, jusque dans les portions de la Société les plus indifférentes à ces sortes de communications, les détails qu'on veut leur faire connaître.

Comme nous le dirons dans la seconde partie de ce travail, en traitant des moyens d'exécution, il y aurait peut-être là un moyen de progrès et de propagation dont il serait bien de tirer parti.

III.

Institutions tendant à l'amélioration des races et à l'augmentation du nombre des animaux domestiques, dans le département de la Gironde:

En principe, rien n'est plus convenable que de chercher à améliorer les races d'animaux domestiques employés par l'agriculture.

En principe aussi, les croisements de ces races avec des sujets distingués, extraits de contrées plus ou moins éloignées, constitue un excellent moyen d'amélioration.

Mais ce moyen, il faut bien prendre garde que son application soulève des considérations de la plus haute importance et qu'il peut être très-facile, en négligeant ces considérations, d'arriver à un but diamétralement opposé à celui que l'on avait en vue.

Un fait que démontrent également, et la théorie et la pratique, et la science et l'art, c'est que les différentes races d'animaux domestiques, par rapport à leurs formes, à leurs aptitudes, à leurs goûts, aux avantages divers que peut en tirer l'agriculture, répondent toujours et partout de la manière la plus directe et la plus intime, aux circonstances de sol et de climat particulières à chaque contrée, ainsi qu'au degré de perfection que peut y avoir atteint cette même agriculture.

Or, vouloir améliorer ces races, sans s'être bien rendu compte de ce qu'elles sont déjà, de la valeur qu'elles ont, des ressources qu'elles peuvent offrir, des changements qu'elles subiront, des conséquences qu'auront ces changements, c'est s'exposer à jeter la confusion là où régnaient l'ordre et l'harmonie ; c'est s'exposer à perdre les avantages que l'on devait à la nature, c'est imiter le chien de la fable qui lâche sa proie pour l'ombre.

Vouloir tenter cette amélioration, sans avoir préalablement cherché à élever l'agriculture au point de perfection où se trouve celle des contrées dont on extrait les sujets améliorateurs, c'est s'exposer à des mécomptes qui se sont bien souvent renouvelés et qui ne sont pas certes près de finir.

Les Anglais dont on invoque toujours l'autorité en ces sortes de matières et avec juste raison, sont parfaitement fixés sur ces principes qu'ils ont formulés dans les termes suivants :

« Dans une contrée où une race particulière d'ani-
» maux existe depuis des siècles, il faut présumer que
» sa constitution est parfaitement adaptée au sol et au

» climat ; l'essai d'améliorer les animaux d'une contrée,
» par une méthode quelconque de croisements, ne doit
» être faite qu'avec la plus grande précaution , et
» des malheurs irréparables peuvent être la consé-
» quence d'une fausse pratique suivie sur une grande
» échelle (1) ».

London's Encyclopedia .

La Gironde possède , particulièrement en races bovi-
nes , des ressources extrêmement précieuses et que lui
envieraient des contrées que nous supposons beaucoup
plus favorisées sous ce rapport.

Ce qui frappa le plus Arthur Yong, lors de son voyage
à Bordeaux en 1787 , ce sont les bœufs de la belle , de

---

(1) De son côté M. Grognier, le savant professeur à l'école vétérinaire de Lyon , a écrit : « Il ne faut pas être prompt à introduire du
» sang étranger dans une race précieuse, ne fût-elle pas bien distin-
» guée. Lorsqu'une race est ancienne dans une contrée, elle y sub-
» siste sous l'influence de circonstances locales, sans être l'objet de
» soins extraordinaires ; elle est en harmonie avec le climat, le sol, la
» nourriture. Les avantages de cette race étant reconnus, il peut y
» avoir détriment à la croiser, même avec des races supérieures. On
» peut craindre d'atténuer les qualités qui en font le mérite, sans
» trouver des dédommagements suffisants dans celles qu'on leur
» donnerait ».

Enfin , nous devons à un homme que distinguèrent l'originalité de
ses écrits agronomiques, à M. le marquis de Travanet, cette réflexion
aussi sensée que patriotiquement exprimée : « Ne serait il pas plus
» naturel, plus profitable et surtout plus satisfaisant pour l'amour-
» propre national, d'améliorer nos types de bêtes à cornes, d'en faire
» des races françaises capables de soutenir la comparaison avec celles de
» la Grande-Bretagne, plus tôt que d'aller lui demander, le chapeau
» bas et la bourse à la main, les rebuts de ses races perfectionnées :
» rebuts qui, désorientés, déclimatés , ne se soutiennent chez nous,
» que par des sacrifices très-onéreux? ».

la forte race *garonnaise* attelés aux traîneaux de nos quais.

Nous savons aussi quel est le mérite de celle que nous qualifions de *bazadaise*, combien elle est vigoureuse, combien elle est rustique, combien elle est sobre : toutes qualités extrêmement précieuses pour l'agriculture.

Avant donc de tenter quelques modifications sur ces races, avant de permettre à ces hommes, véritables *théoriciens*, dans le sens désapprobateur que le monde attache à ce mot, d'y porter une main téméraire, nous estimons qu'il serait prudent et sage, de la part de l'administration, de faire procéder par des moyens que nous indiquerons dans notre seconde partie, à la recherche des faits, des principes et des renseignements capables de guider les cultivateurs de la Gironde dans cette grave matière.

I. RACE BOVINE.

Le 16 Juin 1819, sous le ministère de M. Decazes, une circulaire fut adressée aux préfets pour les inviter à fixer leur attention sur l'amélioration et la multiplication du gros bétail.

Le 16 Novembre suivant, par une autre lettre, le même ministre offre au préfet de la Gironde six taureaux suisses.

Il offre en outre d'instituer des primes de 50 fr. pour les plus beaux produits de ces taureaux.

Enfin, le 24 Décembre de la même année, nouvelle offre est faite au préfet d'instituer des primes de 100 et de 50 fr. à distribuer dans vingt cantons au moins du département, pour les plus beaux taureaux propres à la reproduction et que les propriétaires s'engageraient à garder pour cet usage, moyennant une rétribution.

Toutes ces mesures, dont on ne saurait trop louer les motifs, eussent produit de bons résultats, si le choix de la race suisse ne s'était pas trouvé en désaccord avec ce que comportaient les ressources locales auxquelles il s'agissait d'ajouter. L'expérience a prouvé effectivement, notamment dans le Médoc, qu'il n'y avait rien de bon à espérer de ce mode de procéder (1).

Depuis, sa démonstration a été non moins convainquante pour d'autres tentatives analogues, et notamment pour celles auxquelles ont donné lieu les célèbres Durham (2).

Heureux si de tels exemples pouvaient enfin rendre nos agriculteurs plus prudents, plus circonspects ; s'ils

---

(1) Dans un remarquable travail de M. Dupont, vétérinaire à Bordeaux, couronné par l'Académie des Sciences, en 1847, on lit ce qui suit au sujet des résultats de l'introduction des taureaux suisses dans le Médoc.

» Un peu plus tard cependant cet enthousiasme faiblit. L'inexora-
» ble expérience, ses preuves en main, devait briser la réputation
» usurpée de cette race.

» Un jour, enfin, ses plus ardents apologistes cessèrent de l'em-
» ployer à la reproduction et racontèrent avec franchise leurs mé-
» comptes ».

(2) C'est au sujet de cette race qu'en 1845, un membre du Conseil Général de la Gironde, faisait entendre les paroles suivantes. « En
» France, comme dans le département de la Gironde, et dans l'arron-
» dissement de Lesparre en particulier, il y a imprudence peut-être,
» et folle ambition, de chercher à élever une race exclusivement et
» spécialement propre à l'engraissement ; de nombreux essais déjà
» tentés suffiraient à le démontrer, si la raison et l'expérience des con-
» ditions de notre agriculture ne témoignaient pas que, dans notre
» pays, c'est une race également propre aux services ruraux et à l'ali-
» limentation que nous avons intérêt à produire ».

(*Procès-verbaux du Conseil-Général,* année 1845, p. 145).

pouvaient les déterminer à accorder une sérieuse attention aux avantages que leur a donné la nature; les conduire, comme le dit un spirituel publiciste, non à envier
les races des autres, mais à créer eux-mêmes des races.

Néanmoins, l'impulsion donnée par le gouvernement
porta ses fruits. Depuis 1819 des primes ont été annuellement offertes à la race bovine et leur chiffre s'est successivement accru d'une manière très-sensible.

C'est ainsi qu'en 1838, il n'était encore que de 1200 fr.
votés par le département, tandis que le dernier budget,
celui de 1849, le porta à 4000 fr. et avec regret même
de ne pouvoir l'élever davantage.

A cette somme, le Ministère de l'Agriculture et du
Commerce ajoute, mais d'une manière assez irrégulière,
1000 fr. (1).

2. RACE OVINE.

On connaît les détails des tentatives faites par le gouvernement français pour l'amélioration des diverses races
ovines du pays, d'abord au point de vue de la production de la laine, puis au point de vue de la production de la chair. On sait que ces tentatives re-
montent au règne de l'infortuné Louis XVI, qui fa-
vorisa les efforts de M. de Trudaine pour l'introduction

---

(1) Nous croyons devoir rappeler ici une circonstance qui prouve
au moins combien sont utiles les primes accordées à la race bovine, et
combien cette utilité est sentie par les contrées productives. En 1837,
le 10 Mars, le Conseil municipal de Grignols (arrondissement de Bazas), sous la présidence de M. Faugère, maire, institua des primes
pour les taureaux et les génisses et engagea les autres Conseils des
communes environnantes à imiter son exemple.

des mérinos en France et ouvrit à ces utiles animaux son château de Rambouillet.

Dans la Gironde, le premier mouvement de ce genre se fit sentir vers l'année 1800. A cette époque la Société des Sciences, Belles-Lettres et Arts de Bordeaux (l'Académie) proposa une médaille d'or de la valeur de 300 fr. à distribuer à l'agriculteur du département de la Gironde, *qui aurait le plus contribué à l'amélioration des races de bêtes à laine par ses soins, son industrie et l'introduction des béliers mérinos dans ses propriétés.*

Ce prix fut obtenu par M. Journu Auber, membre du Sénat conservateur, propriétaire, de la terre de *Tustal*, qui fit remettre à la Société un mémoire détaillé sur ses travaux en ce genre et de plus, des échantillons des laines obtenues par les premiers croisements (1).

Un fait bien remarquable, c'est que déjà on avait compris la solidarité qui existe entre l'état de l'agriculture et celui des animaux qu'elle élève ; entre les améliorations réalisées par celle-ci et le degré de perfection atteint par ceux-là.

La preuve de ce fait est dans le mémoire de M. Journu Auber ; elle est dans ces conseils, donnés aux cultivateurs de la Gironde, après leur avoir parlé des fourrages à expérimenter et notamment du trèfle de Hollande : « Mais vous, amis des champs, cultivateurs intelligents, » observateurs attentifs, qui avez éprouvé que depuis la

---

(1) Ce mémoire a pour titre : *Mémoire sur l'amélioration de races de bêtes à laine dans le département de la Gironde, par* M. Journu Auber, *Membre du Sénat conservateur* ; couronné par la Soc été des Sciences, Belles-Lettres, et Arts de Bordeaux, dans sa séance du 15 Thermidor an 12, et imprimé en vertu de sa délibération.

» plus humble tête de votre basse-cour jusqu'à votre
» monture affectionnée, aucun individu ne peut s'élever,
» s'arrondir et briller de santé qu'en raison composée
» des soins assidus qu'on lui donne, et des aliments qu'on
» lui distribue avec méthode, vous n'aspirerez pas à des
» riches produits, sans vouloir faire quelques avances ;
» vous ne prétendrez pas obtenir de vos béliers mérinos
» 5 kilogrammes ou 10 livres de belle laine et de vos
» brebis 4 kilogammes et un agneau robuste, bien nourri,
» digne de son illustre origine, *sans vous occuper de leur*
» *réserver de la nourriture pour la saison rigoureuse, qui*
» *est précisément celle de la gestation et de l'allaitement* ».

Après M. Journu Auber, la terre et le troupeau amélioré de *Tustal* passèrent sous la direction de M. Legrix de Lassalle, membre du Corps législatif.

En 1807, M. Legrix de Lassalle publia, dans le *Bulletin polymathique* de Bordeaux, une *notice sur la culture du domaine de Tustal... Et sur les causes qui y ont déterminé la réussite d'un troupeau de mérinos.*

Dans cette notice, nous trouvons encore l'excellent Conseil que voici : « Olivier de Serres disait, dans son langage naïf : *l'œil du maître sauve la brebis ;* c'est une
» grande vérité. Aussi je ne conseillerai point aux habi-
» tants des villes, qui ne visitent leur campagne que deux
» ou trois fois dans l'année, d'avoir des mérinos ».

En 1823, le Préfet demanda au vétérinaire du département un projet pour l'amélioration des bêtes à laine des landes.

A compter de 1829, il fut fait chaque année par l'administration départementale, des distributions de béliers mérinos sortant principalement du troupeau de M. Legrix de Lassalle et aussi de celui de M. de Lauzac, du Teich.

En 1833, on distribua dans l'arrondissement de Lesparre quatre béliers Leycester et huit brebis de la même race.

En 1846, consultée par M. le Préfet sur le meilleur emploi à faire de la somme de 1600 fr. votée par le Conseil général pour l'amélioration de la race ovine, la Société d'Agriculture répondait ainsi par l'organe de M. Régère, rapporteur de la commission spéciale des bestiaux : « L'allocation de 1600 fr. affectée à l'amélioration » de la race ovine, sera employée à l'acquisition de 12 » béliers, dont une moitié de race mérine et l'autre d'es- » pèce anglaise de Leycester et de New-Kent, qui, distri- » bués vers la fin de cette année, pourront faire la monte » prochaine ».

En 1847, ce mode de procéder fut un peu changé et depuis cette époque, la somme ci-dessus est employée par la Société en achats de béliers faits dans les bergeries nationales et en ventes par voie d'adjudication publique de ces mêmes béliers. De cette façon, l'encouragement à la race ovine s'accroît de toute la somme que mettent les éleveurs du département pour se procurer les sujets améliorateurs.

Tous ces moyens sont bons, disons plus, ils ne sauraient offrir de dangers, en ce sens que n'ayant, en races ovines indigènes, rien de bien remarquable, le département ne peut être exposé à se voir privé d'avantages que lui aurait donnés la nature.

Toutefois nous devons le dire, car bien des résultats nous y autorisent, il peut arriver qu'en visant tout-àcoup à des races aussi distinguées que celles qui viennent de l'Angleterre ; en important ces races dans des localités où rien n'a été fait encore pour favoriser leur développement, on s'expose à des mécomptes.

Sous ce rapport, on en conviendra, il serait souvent beaucoup plus prudent de se montrer moins ambitieux d'abord, de chercher plus près de soi les moyens d'amélioration et surtout de comprendre le temps parmi les éléments de succès de telles entreprises.

Il est évident aussi, qu'ici encore des recherches sont à faire, des études à entreprendre et des instructions à publier. Les types améliorateurs sont nombreux et divers et tous ne sauraient convenir, au même titre, à toutes les parties d'un vaste département, admettant lui-même les conditions les plus tranchées de sol, de situation et de culture.

3. RACE CHEVALINE.

Le 26 Septembre 1821, par suite d'une allocation de 2000 fr. votée par le Conseil général en faveur de la race chevaline, un arrêté préfectoral institue les primes suivantes.

4 Primes de 100 fr.
8 — 80.
16 — 60.

En 1822, la même allocation portée à 2500 fr.; en 1832 à 3000 fr. : elle est aujourd'hui à 7000 fr.

Dans sa session de 1848, le Conseil-Général s'est occupé d'une manière toute spéciale de la race chevaline et des moyens à employer pour obtenir les meilleurs résultats des sommes consacrées à l'amélioration de cette race.

Par l'organe de l'habile rapporteur de sa Commission d'agriculture, en cette occasion, il a reconnu, qu'en dehors de cette somme, on devait considérer l'établissement, dans la Gironde, d'un dépôt de remonte, comme un puissant encouragement à l'élève des chevaux.

Il a reconnu aussi et avec non moins de raison, qu'il convenait de réduire les chiffres des primes précédemment accordées aux juments, poulains et pouliches, de manière à les multiplier et de manière surtout à leur faire atteindre et encourager les efforts de production en ce genre, tentés par la petite propriété.

Ces manifestations sont d'autant plus sages, que le cheval de luxe n'est pas le seul, quelle que soit sa valeur, dont il convient de s'occuper, et qu'au point de vue de l'agriculture surtout, aussi bien que dans l'intérêt de la remonte de l'armée, il est convenable de tendre la main à des mérites, moins éclatants peut-être, mais tout aussi réels, tout aussi profitables.

4. CONCOURS D'ANIMAUX DE BOUCHERIE.

Un arrêté de M. le Ministre de l'Agriculture et du Commerce, en date du 5 Juillet 1848, a institué ce concours, qui avait été déjà l'objet d'une semblable disposition de la part du gouvernement précédent.

Le but éminemment utile du concours d'animaux de boucherie institué à Bordeaux est exposé dans ce considérant de l'arrêté du 5 Juillet : « Considérant qu'il im-
» porte, dans l'intérêt des consommateurs et dans celui

» de l'agriculture, de développer en France la produc-
» tion et l'amélioration des animaux destinés à la bou-
» cherie, et de favoriser la propagatiou des races qui,
» par la perfection de leur forme et leur engraissement
» précoce, fournissent le plus abondamment à la consom-
» mation, etc... ».

C'est le 13 Février 1849, qu'eut lieu à Bordeaux, sur la place des Capucins, le premier concours d'animaux de boucherie : il fut remarquable, tant sous le rapport des ressources qu'il révèla, que sous celui des espérances qu'il fit concevoir.

Les 4 et 5 Février 1850 eut lieu le second concours : ces deux dernières circonstances purent encore y être signalées.

En outre, il y eut ceci de bien remarquable, dans ce dernier concours, que les prix portés à l'article 2, 1.re classe, de l'arrêté ministériel (bœuf de l'âge de 4 ans, quels que soient leur poids et leur race) furent obtenus par des animaux de notre belle race agenaise ou garonnaise.

Ainsi, les sujets de cette race peuvent, comme ceux des races étrangères les plus vantées, les plus enviées, prendre la graisse dans un âge peu avancé; ils peuvent sous ce rapport, aussi bien que les Durhams et autres, devenir le but des spéculations des éleveurs. Seulement, pour qu'il en fût ainsi, il s'agirait de savoir si cette manière de procéder est réellement profitable; si elle s'harmonise avec nos tendances agricoles, avec les exigences particulières de notre sol, de notre climat, de nos besoins.

Ce concours, par rapport à la rédaction de son pro-

gramme, a donné lieu à des réclamations et à des décisions ministérielles dont nous ferons mention dans la
deuxième partie de ce travail.

5. DÉPÔT D'ÉTALONS.

L'établissement des haras en France remonte au règne
de Louis XIII : il est le résultat d'un édit rendu par ce
monarque en 1639. Plus tard, en 1665, un arrêt du
Conseil revint sur cette importante institution, qui n'avait
pas répondu d'abord à l'attente que l'on avait fondée sur
elle. Supprimés par la Constituante, rétablis par la Con-
vention, les haras n'ont cessé depuis de fixer l'attention
du gouvernement, qui a institué pour eux une administration toute spéciale dont nous n'avons pas à nous occuper ici.

Disons seulement que la Gironde possède un dépôt
d'étalons, établi à Libourne depuis le 15 Juillet 1819, et
mentionnons les avantages incontestables qui ont été les
résultats de la répartition annuelle, sur tous les points
du département, des sujets entretenus dans ce dépôt.

L'administration départementale ne pouvant en cette
matière qu'émettre des vœux, ces vœux ont eu successivement pour objet le nombre et le choix des sujets entretenus dans le dépôt de Libourne et aussi la détermi-
nation des lieux devant servir à leurs stations annuelles.

En 1847, ce nombre était de 24 ;

En 1848, il a été porté à 30.

Le vœu émis, en 1847, pour l'obtention d'un étalon
arabe pur sang à placer à la station de Saint-Vivien, ne
put être réalisé par le ministre, *à cause de la difficulté*

*de se procurer des étalons de race orientale propre à l'amé
lioration* (1).

Enfin les stations, au nombre de 9 sont ainsi réparties :
Bordeaux, Libourne, Ludon, La Réole (au lieu de Cas-
tets), Villandraut, Grignols, Lesparre, Saint-Vivien,
Etauliers.

6. DÉPÔT DE REMONTE

Après des délibérations, des recherches et des infor—
mations qui datent de l'année 1836, un dépôt de remonte
pour les chevaux de l'armée a été établi dans la Gironde,
en 1843, et fixé, par bail du 31 Août, sur le domaine
du château de Seguineau, commune de Mérignac, pro—
priété de M. de Tocqueville.

Le prix de ce bail est de 12,000 fr. par an, à la charge
du budget départemental, et les engagements pris par
M. de Tocqueville, et exécutés par lui, étaient de disposer le local pour pouvoir y loger 100 hommes et 200
chevaux.

Les achats opérés dans le département depuis l'année
1843 pour le dépôt de remonte, ont agi de la manière la
plus heureuse sur la production chevaline, sur l'amélioration de cette production et par suite sur l'ensemble de
l'agriculture à laquelle l'une et l'autre se trouvent liées
de la manière la plus intime.

C'est la réalisation de ces paroles remarquables que
prononçait, dans le sein dn Conseil-Général le 6 Septembre 1841, le rapporteur de la Commission du dépôt de
remonte : « Vous avez voté des primes d'encouragements

____

(1) *Procès-verbaux du Conseil-Général,* année 1848.

» à la production de la race chevaline. — La meilleure ,
» la plus efficace des primes, c'est la certitude de la
» vente, offerte au producteur. — Le dépôt de remonte
» proposé , réalise merveilleusement ce but (1) ».

2.me SECTION.

INSTITUTIONS ET AUTRES CIRCONSTANCES DIVERSES , VENANT PLUS OU MOINS DIRECTEMENT EN AIDE AU PROGRÈS DE L'AGRICULTURE , DANS LA GIRONDE.

Plus encore que parmi les sujets classés dans la première partie de cet ouvrage , il pourra s'en trouver ici qui sembleront, au premier coup-d'œil, étrangers au but pour lequel il a été composé.

Encore une fois, nous ferons observer que ce défaut de relation n'est qu'apparent et que tous les sujets auxquels nous allons encore consacrer quelques détails sommaires, aussi bien que grand nombre d'autres que nous aurions pu y joindre, sont de nature à exercer sur l'agriculture une influence plus ou moins décisive; à concourir à son dévelopoement et à ses progrès d'une manière plus ou moins directe, plus ou moins active.

1 VICINALITÉ.

S'il n'est pas exact, dans le sens absolu, de dire, avec un trop grand nombre de personnes, que les routes sont la cause première de la culture et que, pour assurer ce

---

(1) *Procès-verbaux du Conseil-Général,* année 1841, p. 408.

bienfait à une contrée qui en a été privée jusque-là, il suffit d'y ouvrir des voies de communications ; d'un autre côté aussi, il faut reconnaître que la facilité des communications, la multiplicité des rapports, le bon marché des déplacements, sont autant de causes qui réagissent de la manière la plus directe et la plus prospère sur le bien-être d'une contrée ; qui aident puissamment son agriculture à atteindre le degré de perfection et de développement qu'elle comporte.

A cet égard, on ne saurait assez louer le zèle de l'administration départementale qui n'a reculé devant aucun des moyens que les lois sur la matière mettaient à sa disposition : impôts, prestations, emprunts, création d'agents-voyers, de piqueurs, etc..., pour arriver à doter la Gironde d'un système de vicinalité tel que peu de localités en France peuvent en offrir de semblables.

Il n'est pas de commune aujourd'hui où l'on ne puisse se rendre avec facilité, d'où l'on ne puisse enlever les denrées en toutes saisons : circonstances on ne peut plus avantageuses, nous le répétons, pour la valeur du fond rural, pour le progrès de l'agriculture, pour le bien du commerce, pour l'agrément de la vie tant des villes que des campagnes.

2. FOIRES ET MARCHÉS.

L'utilité agricole des foires et marchés est d'autant plus incontestable que ces sortes d'institutions ont devancé de beaucoup le temps où l'on a pu se rendre compte de cette utilité, où l'on a voulu réglementer ce que la force des choses avait d'abord fait établir.

Les manifestations motivées par le sentiment religieux :
les pélerinages, les fêtes patronales, l'exercice hebdoma-
daire du culte, ont été les premières occasions des foires
et des marchés.

Plus tard, il est vrai, les besoins des producteurs et
des consommateurs, les convenances des localités, etc..,
ont pu donner lieu à de semblables institutions ; mais
c'est en se basant sur ces seuls motifs qu'on a fini par
tomber dans un abus également funeste à la prospérité
des foires et marchés déjà existants, à la prospérité des
foires et marchés nouvellement créés.

C'est ainsi qu'on est parvenu à multiplier, sans avantages pour l'agriculture et le commerce, des occasions
dont profite le campagnard pour perdre son temps,
pour déranger ses mœurs, pour altérer sa santé.

Dans la Gironde, ces graves inconvénients se sont ma-
nifestés comme partout ailleurs, et il n'est pas d'observa-
teur qui ne reconnaisse l'inutilité complète d'un grand
nombre de foires nouvellement instituées ; la concurrence
fâcheuse qu'elles font à celles plus anciennement existan-
tes, les prétextes qu'elles fournissent à la paresse, les
occasions de dérangement et d'inconduite qu'elles offrent
aux ouvriers des champs.

A cet égard, il est bien de répéter cette sage maxime
de nos aïeux :

« Méfiez-vous des foires et des marchés
« Un qui gagne et cent d'attrapés ».

On nous permettra d'ajouter ici que depuis quelque
temps, nous nous occupons d'un travail spécial sur les
foires et marchés du département de la Gironde, appré-
ciés au point de vue des intérêts ruraux.

3. CHASSE.

La chasse a été, à plusieurs reprises dans le sein du Conseil-Général, l'objet de discussions animées et approfondies.

Pour nous, qui n'avons à émettre notre opinion sur cet objet qu'au point de vue de l'agriculture, peu de mots nous suffiront pour cela.

Les espèces diverses qui constituent le gibier prêtent, la plupart, un concours utile à l'agriculture, par l'obligation dans laquelle elles sont d'emprunter tout ou partie de leur nourriture : soit aux insectes plus ou moins destructeurs des récoltes, plus ou moins hostiles aux hommes et aux animaux : soit aux plantes nuisibles dont elles dévorent les graines, mettant ainsi obstacle à leur trop grande propagation.

Ainsi considérées, il est évident que ces espèces doivent être protégées ; que des limites doivent être posées à leur destruction.

Mais ces mêmes espèces peuvent aussi, dans bien des cas, faire essuyer des dommages aux récoltes, manger les grains, arracher les jeunes plantes, détruire les fruits, etc..., surtout quand on les laisse se multiplier dans une proportion trop considérable.

Dès-lors, il est de l'intérêt de l'agriculture qu'il soit pris des mesures pour borner cette multiplication, pour prévenir cet excès.

Ainsi, au point de vue où nous la considérons, la chasse doit être réglementée de telle sorte que son exercice maintienne les rapports nécessaires entre les espèces constituant le gibier et les besoins qu'a l'agriculture du concours de ces espèces. Qu'elle prévienne, dans le nombre de ces espèces, un défaut dont les fruits de la terre auraient cruellement à souffrir, un excès qui ne leur serait pas moins défavorable.

En outre et toujours au même point de vue, la chasse doit encore être réglementée de telle sorte, que son exercice ne devienne pas une cause de dommages pour les récoltes pendantes, une occasion de porter atteinte au droit de propriété.

Tel est le double but qu'ont voulu atteindre les lois rendues en vue de l'exercice du droit de chasse : celle du 30 Avril 1790 et celle du 3 Mai 1844, sous l'empire de laquelle nous vivons aujourd'hui.

On comprend donc combien cette matière est délicate et combien il est important, avant de conseiller des modifications aux dispositions qui la régissent et dont la plupart ont été prises en vue de l'agriculture, de bien se rendre compte des conséquences qu'auraient ces modifications pour cette même agriculture.

4. ÉCHENILLAGE.

Il est malheureusement prouvé aujourd'hui, par la science entomologique, que les insectes nuisibles aux productions de la terre tendent à se multiplier en raison directe des efforts que fait l'homme pour augmenter ces mêmes productions, pour ajouter de plus en plus aux terres qui leur sont consacrées. On dirait qu'en agissant ainsi, qu'en suscitant à la culture de tels embarras, la nature a en vue de s'opposer à des entreprises, de contrarier des préférences, des exclusions qui pourraient faire prédominer certaines plantes au détriment de toutes les autres, qui pourraient troubler l'harmonie établie par elle entre toutes les espèces de la création.

A l'époque où fut promulguée la loi du 29 Ventôse, an IV, la seule qui ait pour but la destruction des insectes nuisibles à l'agriculture, ces grandes lois de la nature n'étaient pas encore suffisamment connues, et dès-lors il n'est pas étonnant qu'elle nous paraisse aujourd'hui si incomplète ; car elle ne s'occupe que des chenilles, tandis que des milliers d'autres espèces sont tout aussi redoutables, tout aussi préjudiciables aux fruits de la terre.

Le 5 Janvier 1839, une autre loi sur la même matière mais plus complète, plus explicite, fut présentée à la Chambre des Pairs : elle ne fut point discutée.

Enfin l'Assemblée législative a été saisie, au mois de Juillet 1849, d'une proposition analogue mais beaucoup plus complète et parfaitement en harmonie avec les besoins de l'époque, par M. Richard (du Cantal).

Le département de la Gironde n'est certes pas un de ceux qui ont le moins d'intérêt à la solution des questions soulevées par cette grave matière. Depuis quelques années effectivement, les animaux qui attaquent nos récoltes, semblent se multiplier dans une proportion effrayante. Les chenilles sont tellement nombreuses, que plusieurs fois nous avons eu occasion de signaler des taillis entiers complètement dépouillés de leurs feuilles par ces animaux dévastateurs, et ayant ainsi perdu une année de végétation. Au Printemps, la limace que l'on a vue souvent anéantir complètement des champs de céréales, causent régulièrement les plus grands dommages aux semis, à ceux de trèfle, de betterave, etc... La vigne a des ennemis acharnés, principalement dans les limaçons dont il faut la délivrer à grands frais; les oseraies craignent un charançon qui annulle trop souvent leurs produits; les arbres fruitiers ont des ennemis nombreux et variés; la courtillière est devenue pour nos cultivateurs, en terres légères et sablonneuses, une cause de ruine et de désespoir (1); enfin il n'est pas de produits dignes des sollicitudes de l'homme qui ne se trouvent exposés, sous ce rapport, aux plus graves atteintes.

5. PÉPINIÈRE DÉPARTEMENTALE.

Cet établissement fondé en 1810 pour en continuer d'autres du même genre qui remontaient à l'année 1725, trouve sa raison d'être dans des considérations qu'en 1842 nous avions consignées, en qualité de rapporteur, dans un travail fourni par la Société d'Agriculture et que le rapporteur de la Commission d'agriculture du Conseil-Général, à son tour, résumait ainsi.

» Afin de se rendre compte de toute l'importance d'un
» établissement semblable, du but essentiel qu'il doit at-
» teindre, il faut, dit la Société d'Agriculture, l'envisa-
» ger d'un peu haut et surtout ne point se laisser préoc-
» cuper par ces idées de concurrence que pourraient lui
» reprocher certaines entreprises particulières, par un
» espoir de bénéfice qu'en aucune façon l'administration
» ne saurait fonder sur lui.

» La division, la mobilisation de la propriété, les be-
» soins d'une population qui augmente constamment,

---

(1) Voir à ce sujet, dans l'*Agriculture*, t. 7, p 435, la lettre que nous écrivait M. le maire de Grignols et la réponse que nous y faisions. Voir aussi d'autres détails dans le t. 8, p. 229.

» sont autant de motifs, ajoute-t-elle, qui devaient conduire
» au déboisement de la France et nous amener au point
» où ce déboisement ferait concevoir de véritables inquié-
» tudes. Or, dans cette situation, c'est à l'administra-
» tion dont les vues, dégagées de toutes préocupations
» d'intérêt personnel, doivent embrasser le présent et
» l'avenir, à éloigner le danger »...

Depuis 1838, le jardinier en chef de la pépinière départementale fait un cours public et pratique de taille et de
greffe.

Enfin, en 1849 et 1850, par l'autorisation de M. le
Préfet, nous avons fondé dans cet établissement une collection pour l'étude de la synonymie de la vigne. Dans
cette collection, que nous ne faisons ici que mentionner,
figurent, représentés par deux sujets chacun, tous les
principaux cépages de la Gironde et des vignobles les
plus renommés de la France et de l'étranger.

6. FABRIQUE, DÉPÔT ET EXPOSITION D'INSTRUMENTS ARATOIRES DE M. HALLIÉ, DE BORDEAUX.

Depuis 1831, M. Hallié s'est voué avec une aptitude
et une application au-dessus de tout éloge, à la propagation des bons instruments d'agriculture dans le départe-
tement de la Gironde. Entr'autres moyens employés par
lui, en vue de cette œuvre vraiment patriotique, nous
devons particulièrement citer sa belle collection agricole
et industrielle fondée en 1838, et dans laquelle le public
est admis, non-seulement aux jours solennels d'exposition mais encore toutes les fois qu'il en fait la demande.
C'est ainsi que, parmi les agronomes français et étrangers qui traversent notre ville, il en est peu qui n'aient
fait une visite à la collection de M. Hallié, qui n'aient

ajouté leurs noms à la longue liste de ceux qui s'y étaient déjà rendus.

Le nombre d'outils, instruments ou machines composant cette collection s'élève à 300 au moins, et il atteint le chiffre de 400 et au delà, en y comprenant les modèles en petit, la plupart très-curieux et parfaitement bien exécutés, qui s'y trouvent réunis.

En 1842, la Société Linnéenne développa dans un travail étendu l'idée que la collection de M. Hallié pourrait servir de base à un musée agricole et industriel départemental.

Pour nous qui suivons avec soin les travaux de M. Hallié, nous pouvons témoigner de l'influence heureuse qu'ils ont exercée sur l'agriculture de la Gironde et des départements environnants ; nous pouvons dire qu'il est très peu de localités, dans ces départements, où nous n'ayons rencontré les instruments fabriqués par cet habile industriel.

Nous bornons ici la longue énumération à laquelle nous voulions d'abord nous livrer, non pas parce qu'il ne nous serait pas possible d'y ajouter encore, mais parce que les autres sujets que nous aurions à examiner, bien que d'une très-haute importance, ne se rattachent pas cependant à l'agriculture d'une manière assez intime, et aussi ne relèvent pas assez directement de l'administration à laquelle nous nous adressons pour pouvoir figurer dans le cadre, déjà assez vaste, que nous nous étions tracé.

Nous laissons donc de côté tout ce qu'il nous aurait été encore possible de dire sur les marais, les biens communaux, la police rurale, etc... etc.., pour arriver aux applications que renferme la seconde partie de ce travail.

5

SECONDE PARTIE.

**Changements, modifications, extensions, etc....
que réclameraient les institutions que nous
venons d'examiner, dans l'intérêt de l'agriculture du département.**

La méthode à laquelle nous nous sommes assujetti,
dans la première partie de ce travail, rendra facile la tâ-
che que nous avons à accomplir dans celle-ci.

Pour cela, nous suivrons les mêmes divisions princi-
pales précédemment établies, afin de rattacher à chacun
des sujets, déjà signalés, les changements, modifications,
extensions, etc.... qu'il nous paraîtra réclamer.

Ces changements, modifications, extensions, etc......,
toutes les fois que nous aurons à les signaler, *nous les
exprimerons en caractères différents de ceux du reste du
texte*, afin qu'on puisse facilement les saisir et les apprécier.

Pour ce qui va suivre, plus encore que pour ce qui
précède, nous devons déclarer que les opinions que nous
développons, que les avis que nous émettons, nous les
soumettons sans réserve et avec une entière confiance à
l'appréciation et à la décision de l'administration départementale.

Nous devons déclarer aussi qu'il n'est jamais entré dans
notre idée de jeter aucun blâme sur les institutions à

l'égard desquelles nous indiquons quelques réformes, et encore moins sur les hommes qui ont dirigé ou dirigent actuellement ces institutions.

—————————

Avant d'aller plus loin et d'entrer dans le domaine de l'agriculture proprement dite, nous devons aussi satisfaire à un engagement pris (pag. 6); nous devons dire comment, selon nous, il serait possible aux Sociétés et Comices agricoles d'intervenir, pour ramener les populations rurales à la véritable appréciation des bienfaits qu'elles peuvent tirer de l'instruction primaire.

Ici, comme dans toutes les autres matières qu'elles embrassent, ces compagnies n'ont il est vrai à leur disposition que la juste influence du bien qu'elles cherchent, des lumières qu'elles réunissent, du dévouement qui les anime; mais cette influence est grande, nous sommes heureux de le proclamer, aussi bien pour leur rendre la justice à laquelle elles ont droit, que pour laver les populations auxquelles elles s'adressent du reproche qu'on leur fait de ne connaître que l'intérêt, de n'avoir que l'intérêt pour guide de leurs actions.

Toutes les fois que les différents Comices existants dans le département nous ont fait l'honneur de nous consulter sur la rédaction de leur programme annuel, voici, entr'autres, l'article que nous les avons engagés à y introduire.

» Les bienfaits de l'instruction primaire que le Gouvernement s'ef-
» force de répandre partout avec la plus louable libéralité, ne sont

» pas généralement acceptés dans les campagnes comme ils devraient
» l'être et comme l'exigerait le bien de l'agriculture, non moins in-
» téressé que les métiers des villes, à avoir des ouvriers instruits et
» capables de comprendre les principes et les règles de sa pratique.

» Cette circonstance, l'une de celles auxquelles il faut attribuer le
» dépeuplement des campagnes, engage le Comice à proposer le sujet
» de prix suivant.

» *Au cultivateur, père de famille qui, après avoir fait participer*
» *ses enfants aux bienfaits de l'instruction primaire, leur aura pro-*
» *posé l'agriculture, comme application de leur savoir acquis et*
» *les aura ainsi, par ses préceptes et par son exemple, engagés*
» *dans cette noble profession*

» Une Médaille. . . . . . . etc.

» Nota. — Les dispositions ci-dessus s'appliquent aux enfants des
» deux sexes et, quant aux garçons, on comprend que leur absence
» de la maison paternelle, soit pour service militaire, soit comme
» travailleurs agricoles même hors du département, ne saurait contra-
» rier les justifications qu'il s'agit de faire pour obtenir ce prix (1) ».

Nous pensons qu'il y a, dans une disposition de ce genre, tout à la fois, une manifestation de doctrines et une
appréciation de faits qui ne peuvent qu'amener les plus
heureux résultats, qu'exercer la plus salutaire influence.

Puisque l'occasion nous en est offerte, qu'on nous permette de dire
aussi qu'en général à notre avis, les prix proposés à l'émulation des
cultivateurs sont trop exclusivement des prix d'argent et ont trop ordinairement pour but la réalisation d'avantages pécuniaires.

Sans doute, comme la bonne agriculture se traduit
par des profits, ce sont les profits qu'il faut provoquer,
ce sont les profits qu'il faut récompenser. Mais ne sait-on
pas tout ce qu'exerce de puissance sur cet ordre de faits

---

(1) Parmi les Comices qui ont fait figurer, dans leur programme,
des dispositions analogues nous citerons ceux de Lesparre, Créon, etc.

l'intérêt privé, l'ambition d'ajouter à son bien-être, le désir d'améliorer sa position.

Ne sait-on pas que souvent ces motifs, si légitimes lorsqu'on les renferme dans de justes bornes, peuvent aller chez certains individus, sinon jusqu'à leur faire méconnaître les règles de la justice et de la probité, au moins jusqu'à les rendre indifférents aux sentiments généreux, aux idées de dévouement qui doivent se rencontrer chez tous les membres d'une société civilisée ?

Le Sauveur du monde a dit : *L'homme ne vit pas de pain seulement !* paroles sublimes qui prouvent que pour sa satisfaction individuelle aussi bien que pour l'avantage de l'association dont il fait partie, il ne suffit pas seulement d'assurer à l'homme l'existence matérielle ; mais qu'il faut encore songer à développer dans son cœur les goûts, les penchants, les vertus qui sont les garanties les plus solides de son bonheur et de celui de ses semblables.

Les rapports nombreux que nous avons depuis plusieurs années avec les populations rurales, nous ont révélé chez elles des opinions et des tendances que méconnaissent trop ordinairement les habitants des villes et qui ne nous laissent pas douter un seul instant de toute l'efficacité, de toute la puissance qu'auraient, pour l'amélioration de leur position, pour les progrès de l'agriculture, des récompenses autres que celles qui s'adressent à l'intérêt.

Pas plus que celui qui manie le marteau et le ciseau, l'homme qui conduit la charrue n'est étranger aux nobles inspirations qui font que l'on attache du prix aux récompenses purement honorifiques. Et, cependant, tandis que l'on excite le premier par ces sortes de récompen-

ses, il est douloureux de dire que c'est plus particulièrement par l'argent que l'on croit pouvoir agir sur le
second (1).

I.

**Institutions tendant principalement à la propagation des principes
de la science et de l'art et à la réhabilitation morale de l'agriculture dans l'opinion publique.**

Sous ce titre, nous avons compris :
1.º Le Cours d'agriculture (p. 11);
2.º L'Inspection agricole (p. 16);
3.º La Maison agricole des orphelins de Saint-Louis
(p. 17);
4.º La Colonie agricole du frère Félix (p. 19);
5.º La Ferme–école de l'institut régional (p. 21 bis).

Ces quatre premières institutions ne nous semblent pas, pour le
moment, susceptibles de changements notables et le Conseil Général
qui s'est toujours plu à les favoriser, en continuant à agir ainsi, assurera de plus en plus leur utile développement.
Quant aux deux dernières, elles sont également dignes de toutes
ses sollicitudes.

II.

**Institutions tendant principalement à la réalisation des progrès
que comporte l'agriculture, dans le département de la Gironde.**

Sous ce titre, nous avons compris les compagnies
savantes, ou associations s'occupant plus ou moins
d'agriculture et la presse agricole.

____

(1) Voici, à l'appui de cette manière de voir, un fait bien remarquable. Nous tenons d'un des juges-de-paix du département, qu'il a

Parmi ces premières , nous avons compris l'*Académie des Sciences, Belles-Lettres et Arts*, de Bordeaux (p. 24) ; la *Société Philomathique* (p. 26) ; la *Société Linnéenne* (p. 26) ; la *Société d'Horticulture* (p. 27).

Nous pensons qu'il y a lieu, de la part de l'administration départementale, à continuer le concours qu'elle prête depuis longtemps à ces utiles compagnies.

Comices agricoles (p. 27). **Nous** avons développé les motifs de justice qui devaient, selon nous , assurer à toutes les localités du département, indistinctement, la salutaire influence des comices agricoles.

Ces motifs nous semblent de nature à encourager l'administration départementale dans les efforts qu'elle fait pour provoquer l'établissement de comices agricoles dans les arrondissements encore privés, en totalité ou en partie, de ces utiles établissements ; encore privés par conséquent de la part légitime qui leur revient dans les fonds accordés pour encouragement à l'agriculture.

Pour assurer l'action des Comices, exciter leur émulation et prévenir la tiédeur, le défaut de zèle, qui finissent trop souvent par les détruire, au grand détriment de l'agriculture des localités constituant leur ressort ;

Pour mettre cette agriculture à l'abri du tort véritable qu'elle éprouverait ainsi ; car ce serait, pour des causes dont elle ne peut être responsable, la priver de sa part légitime dans les fonds d'encouragement et la réduire à un régime exceptionnel ;

Nous pensons que, chaque année, sur les fonds affectés aux Comices par le Conseil-Général, il devrait être réservé une somme de 300 fr. au moins, pour être accordée en prime, indépendamment de

---

eu à prononcer dans un procès fondé sur cette circonstance que, dans une succession, deux frères voulaient s'attribuer la médaille que leur père avait obtenue de la Société d'Agriculture !

son allocation particulière, à celles de ces associations dont les travaux et le zèle, durant l'exercice précédent, auraient mérité une telle distinction.

L'attribution de cette prime serait faite par un arrêté spécial de M. le Préfet, rendu sur l'avis motivé de la Société d'Agriculture et du Professeur d'agriculture chargé de l'inspection agricole du département, et dans le courant du mois de Février au plus tard.

Le comice qui la recevrait serait entièrement libre, ou de la répartir sur l'ensemble de son programme, ou d'en faire l'objet d'une récompense spéciale.

Société d'Agriculture (p. 33). Nous avons déjà signalé les points principaux qui devaient, selon nous, devenir l'objet plus spécial de la haute influence de la Société d'Agriculture : nous avons parlé de fêtes annuelles.

Nous sommes persuadé qu'on ajouterait beaucoup encore à l'effet utile, à l'effet moral produit par ces grandes solennités, si l'on en faisait l'occasion, pour chacune des localités où elles se célèbrent, d'une exhibition générale de bestiaux, d'une sorte d'exposition des produits remarquables qui lui sont particuliers, des outils, intruments et machines d'agriculture dont elle fait usage, etc... etc.. (1).

Nous avons parlé d'une *grande prime départementale,* c'est-à-dire de la plus grande récompense qui pût être

---

(1) Peut être y aurait-il là un acheminement vers la formation d'un *associa'ion agricole des départements du bassin inférieur de la Garonne.*

On sait, par l'exemple de *l'Association Normande,* de *l'Association Bretonne,* de *l'Association du centre de l'ouest* et, tout récemment, de *l'Association du bassin du Rhone,* ce que sont les grandes réunions connues sous ces noms. L'appui que leur a prête l'administration supérieure et l'influence que sont capables d'exercer, sur l'agriculture, leurs congrès annuels, leurs grandes exhibitions d'animaux, etc..., les concours solennels qu'elles provoquent, les hautes primes qu'elles distribuent.

Nous avons vu dernièrement un administrateur dont la Gironde a conservé le souvenir, M. de Lacoste, présider les séances de *l'Association du bassin du Rhone.*

accordée à un exploitant, pour l'ensemble de son exploitation et de manière à signaler, en quelque sorte, les titres qu'il pourrait avoir à des faveurs plus éclatantes encore, de la part de l'administration supérieure.

Voici les moyens de réalisation d'une telle mesure.

Chaque année, sous le titre de : *Prime départementale*, le programme de la Société d'Agriculture du département de la Gironde promettrait un prix de la valeur de 1000 fr. au propriétaire d'un domaine de 50 hectares au moins dont l'exploitation présenterait l'ensemble le plus satisfaisant, le plus près de la perfection qui peut être notre partage, le plus digne d'être proposé pour modèle aux autres cultivateurs.

Pour rendre plus facile et en même temps plus juste l'examen nécessité par l'obtention d'une telle prime, on n'appellerait chaque année et successivement par la voie du sort, qu'un seul des arrondissements à y concourir.

La prime serait ainsi divisée :

Une médaille d'or de la valeur de 500 fr. pour le propriétaire ;

500 fr. à répartir en médailles ou en argent à ses auxiliaires, suivant le concours qu'ils lui auraient prêté (1).

Enfin, en nous fondant sur l'état particulier de la culture dans l'arrondissement de Bordeaux ; en refléchissant que les ouvriers vignerons, les plus nombreux de tous, ne participent que d'une manière indirecte et en quelque sorte sans que cela implique l'art qui leur est particulier, aux récompenses proposées et distribuées par la Société

---

(1) Cette mesure ne serait pas entièrement nouvelle. Déjà depuis plusieurs années, la Société d'Agriculture de Toulouse l'a adoptée ; elle y consacre une somme de 1000 fr. que M. le Ministre de l'Agriculture et du Commerce lui accorde pour cette destination spéciale et cette année (1850), c'est l'arrondissement de Toulouse qui est appelé à en profiter.

Une telle autorité est tout-à-fait digne d'être prise en considération

d'agriculture ; en réfléchissant qu'à l'égard de ces ouvriers il serait non moins intéressant, non moins utile, de re-recourir, pour les exciter au progrès, pour exercer sur leur moralité une salutaire influence, au moyen puissant des concours solennels et publics ;

En tenant compte de cette circonstance remarquable, que l'arrondissement de Bordeaux réunit à lui seul les trois modes généraux de cultiver la vigne : celui des *graves*, celui des *côtes*, celui des *palus ;*

Nous estimons que la Société d'Agriculture ajouterait un nouveau bienfait à tous ceux qu'on lui doit déjà, si elle instituait, dans l'arrondissement de Bordeeux, un concours solennel pour la taille et la direction de la vigne : concours qui aurait pour objet, successivement, une année les vignes de *graves,* une année les vignes de *côtes,* une année les vignes de *palus* (1).

Nous considérons la Société d'Agriculture comme le bureau agricole du département de la Gironde et comme parfaitement disposée, par sa position et par sa composition, pour fournir à l'administration, toutes les fois que celle-ci en aurait besoin, notamment les documents statistiques et les renseignements sur la situation des récoltes.

Pour cela, il nous semble que cette compagnie pourrait avoir au moins un membre correspondant par canton ; entretenir avec ces correspondants des relations suivies et stimuler leur zèle au moyen de récompenses honorifiques, ainsi que le font plusieurs autres compagnies savantes.

---

(1) L'expérience acquise, en cette matière, par les trois concours successifs de taille de vigne tenus par le Comice agricole de Lesparre, ne laissent aucun doute sur la facilité d'introduire, dans ces sortes de concours, le même ordre et la même justice que dans ceux de charrues.

Presse agricole (p. 41). Voici nos idées à l'égard de cette presse.

Nous pensons que des *Annuaires,* contenant des notions pratiques sur l'agriculture locale et surtout la liste des lauréats des différents concours agricoles et les motifs de leurs récompenses, les mesures officielles capables d'intéresser les cultivateurs, etc.. devraient être publiés et répandus à très-grand nombre d'exemplaires. Nul ne serait mieux en position d'effectuer cette publication que la Société d'Agriculture de Bordeaux, aidée par les Comices agricoles du département (1).

III.

Institutions tendant à l'amélioration des races et à l'augmentation du nombre des animaux domestiques, dans le département de la Gironde

Voici, sans contredit, l'un des sujets les plus importants parmi ceux que nous avions à traiter, celui qui intéresse le plus directement l'agriculture locale, celui qui soulève de plus grandes difficultés (p. 43–53).

---

(1) En 1848, nous avions entrepris nous-mêmes ce genre de publication, de concert avec M. Dupont, imprimeur à Périgueux ; nous regrettons que les évènements ne nous aient par permis de continuer à faire paraître *l'Annuaire agricole des départements du bassin de la Garonne.*

On nous permettra de mentionner aussi le travail que nous publions chaque année depuis 1846, sous le titre de : *Résumé des observations météorologico-agricoles , faites dans le département de la Gironde , etc...* Ce travail, indépendamment de son intérêt actuel, pourra plus tard devenir précieux pour l'histoire agricole de la contrée. Il nous a valu de nombreux témoignages d'encouragement et, dans sa séance du 12 Juillet 1848, la Société Nationale et Centrale d'Agriculture de Paris le recommanda au Ministre de l'Agriculture, comme devant être répété dans tous les établissements d'enseignements relevant de son administration.

Notre intention n'est pas certes d'indiquer la solution de tous les problèmes auxquels il peut donner lieu ; nous pensons au contraire que, pour atteindre ce but, les connaissances et le zèle d'une seule personne, ne sauraient suffire, et qu'il convient d'en saisir un certain nombre d'individus, choisis parmi ceux que leurs études théoriques, leurs applications journalières, rendent plus compétents dans cette spécialité ardue.

Il y aurait lieu effectivement à former, dans le départemeut de la Gironde, une Commission spéciale, chargée d'étudier et de résoudre les questions suivantes :

En principe. — Quelles sont les races, sous-races, etc., de bestiaux que possède le département?

Quels sont les caractères, les aptitudes, la valeur de chacune de ces races, ou sous-races ?

Quels moyens faudrait-il employer pour améliorer celles d'entre elles qui auraient besoin de l'être, et, en particulier, y aurait-il lieu à emprunter ces moyens à des croisements avec d'autres races françaises ou étrangères?

En application. — Quels moyens faudrait-il employer pour assurer l'accomplissement igoureux des méthodes, des pratiques ou des choix reconnus les meilleurs pour réaliser ces améliorations?

Quelles seraient les dispositions à prendre, dans ce but, par l'administration (1) ?

Voilà, de l'avis de tous les hommes compétents, une mesure que réclame depuis longtemps, depuis trop long-

---

(1) Ce ne serait pas la première fois que l'administration supérieure interviendrait en semblable matière. Il existe en Suisse, en Belgique, etc..., des règlements qui ne permettent pas, comme parmi nous et quels que soient leur âge et leurs formes, d'employer tous les taureaux à la reproduction. Des règlements qui ont pour but de conserver au pays les avantages que lui a départi la nature ; de défendre ces avantages aussi bien contre l'incurie de certains cultivateurs que contre le zèle irréfléchi, inexpérimenté de certains autres.

temps peut-être , l'agriculture du département de la Gironde ; une mesure qui aurait pour conséquence de révéler à ce département toute l'étendue , toute l'importance des ressources qu'il doit à la nature ; de mettre ces ressources à l'abri des causes nombreuses capables d'en attaquer la valeur , d'en altérer le caractère.

Nous la croyons on ne peut plus digne de la sollicitude éclairée et du patriotisme sincère qui animent l'administration départementale.

Concours d'animaux de boucherie (p. 53). Une grave omission avait été remarquée dans le programme de ce concours et avait donné lieu aux réclamations du Conseil d'arrondissement de Bazas et à celles du Conseil général (1). Il sagissait de l'utile race de bœuf , dite race *bazadaise ,* qui ne s'y trouvait pas désignée par son nom et pour laquelle il n'avait pas été mentionné de récompense spéciale.

Une lettre de M. le Ministre de l'Agriculture et du Commerce , du mois de Février 1850 , fit connaître que cette omission avait été reconnue et qu'elle serait réparée en 1851.

Il est probable du reste qu'à cette époque, tous les programmes régissant les concours de ce genre établis en France , auront été réformés , conformément aux vœux émis par le Conseil général de l'agriculture, du commerce et des manufactures.

Dans tous les cas, l'administration départementale ne saurait manquer dans l'intérêt de l'agriculture du bassin inférieur de la Garonne , de veiller au maintien du concours établi à Bordeaux et à l'accomplissement de la rectification qui doit avoir lieu en 1851.

---

(1) Session de 1849.

Dépôt d'étalons (p. 55). L'administration départementale ne peut qu'émettre des vœux touchant cet établissement et les modifications ou changements qu'il doit subir,
pour atteindre le but qu'il se propose, pour venir en aide
à l'agriculture.

Mais ce qui rentre tout-à-fait dans le domaine de
cette administration , ce sont les mesures qu'il pourrait
être avantageux de prendre pour assurer l'efficacité du
concours qu'il prête à l'agriculture ; pour faire que celle-
ci , tout en profitant de ce concours, se trouvât en mesure de fournir et avec profit , aux services publics et
autres qui les réclament , de beaux et bons sujets de la
race chevaline.

Pour cela, il serait peut-être utile de tourner les regards vers les
juments ; d'assurer, par des mesures que nous ne saurions indiquer ici
mais que la Commission ci-dessus pourrait étudier, la conservation
et l'entretien convenables, sur les domaines disposés pour cela, de
juments dignes des étalons de l'État.

Dépôt de remonte (p. 56.). Nous n'avons qu'à mentionner de nouveau ici l'heureuse influence exercée par
cet établissement, sur la production chevaline de la Gironde et sur le développement progressif de cette production.

Le maintien de cet établissement intéresse au plus haut point la
prospérité de l'agriculture de la Gironde

IV.

**Institutions et autres circonstances diverses venant plus ou moins
directement en aide aux progrès de l'agriculture, dans la
Gironde.**

Vicinalité (p. 57). En persistant dans les louables efforts qu'elle ne cesse de faire depuis plusieurs années,

en faveur de la vicinalité , l'administration départementale rendra à l'agriculture les services les plus signalés ,
en même temps qu'elle assurera aux populations urbaines
de nouvelles facilités pour la satisfaction de leurs besoins
les plus impérieux.

Pour bien comprendre cette première vérité, il suffit
de pénétrer dans ces localités des Landes ou de l'Entre-
deux-Mers , que l'état déplorable de leurs chemins éloi-
gnaient autrefois de Bordeaux bien plus encore que les
distances réelles qui les séparaient de cette ville, de ce
grand marché d'exportation et de consommation. Il suffit
de s'informer du prix actuel des denrées que l'on y ré-
colte , de remarquer les améliorations nombreuses qui y
ont été introduites, de comparer la valeur actuelle de la
terre avec celle qu'elle avait autrefois (1).

Il serait à désirer, en vue des grands intérêts dont il s'agit, que
l'autorité communale veillât avec plus de soin à l'exécution stricte de
l'arrêté préfectoral du 18 Mars 1846, qui interdit la dépaissance et
la garde à vue du bétail à cornes, des chevaux et des porcs sur les
chemins.

Foires et marchés (p. 58). D'après le tableau officiel
des foires , coutenu dans les procès-verbaux du Conseil

---

(1) On comprend qu'au milieu de cette amélioration générale, il
est quelques produits qui doivent avoir souffert d'une concurrence
toute nouvelle. Ainsi s'explique entr'autres la décroissance du prix du
lait à Bordeaux et le peu de ressources qu'offre l'entretien des vaches
laitières aux propriétaires voisins de cette ville. Comment n'en serait-
il pas ainsi lorsqu'on a la facilité , soit par les voitures , soit par les
bateaux à vapeur , de faire venir du lait de localités telles que Villandraut par exemple: c'est-à-dire d'une distance de quarante kilomè-
tres au moins.

général, de l'année 1847, voici quel était alors l'état des foires dans le département de la Gironde.

	Nombre de foires	Jours qu'elles emploient.
Arrondissement de Bordeaux.	102	136
— Libourne.	214	220
— Blaye	74	83
— Bazas.....	132	132
— Lesparre.	25	53
— La Réole.	108	108
	655	732

On voit jusqu'à quel point, en nombre et en jours, avaient été poussées les foires dans le département de la Gironde. Les choses étaient telles à cet égard en 1847, et elles se sont beaucoup aggravées encore depuis, qu'il était impossible à un homme d'assister à toutes les foires du département et que le nombre de jours qu'elles employaient chaque année étaient juste le double des jours de l'année. Qu'on joigne à cela les marchés, et l'on verra si réellement et de beaucoup, les justes besoins de l'agriculture n'ont pas été dépassés.

Nous estimons qu'il est temps de s'arrêter dans cette voie. Les intérêts du commerce et de l'agriculture, ceux des bonnes mœurs y sont également intéressés.

Chasse (p. 60). Nous avons présenté les considérations de l'ordre le plus élevé qui militent en faveur de l'existence d'une loi destinée à réglementer la chasse.

Voici quels ont été les résultats, quant aux permis délivrés dans la Gironde depuis 1843, de celle de 1790 et de celle de 1844.

Loi de 1790.	1843. . . . . 2,443.
	1844. . . 257.)
	1844. . . 1816.) . . 2,073.
Loi de 1844.	1845. . . . . 2,331.
	1846. . . . . 2,460.
	1847. . . . . 2,715.
	1848. . . . . 1,415.
	1849. . . . . 1,950.

Nous pensons qu'il y a lieu, au point de vue de l'agriculture surtout, pour le Conseil Général, à persister dans les sages doctrines
qu'il a émises jusqu'ici, en matière de droit de chasse.

Échenillage (p. 61). Comme tous les autres départements de la France, celui de la Gironde a le plus grand
intérêt à voir la législation sur l'échenillage et la destruction des autres insectes nuisibles, devenir plus complète
et plus efficace.

Mais en attendant cette utile réforme, ce même département est
vivement intéressé à voir l'application rigoureuse et générale de la loi
sur la matière actuellemsnt existante, fortifiée par le concours que
peut lui prêter le paragraphe 8 de l'article 471 du code pénal (1).

Pépinière départementale (p. 63). Les considérations
déjà présentées comme devant faire maintenir cet établissement peuvent, encore être invoquées lorsqu'il s'agit de
son mode de direction.

On comprend effectivement que pour favoriser la propagation des
essences les plus utiles à l'Agriculture et aux Arts; pour seconder les
tendances que peut avoir à planter la petite propriété, il faut qu'il
livre ces essences aux prix les plus réduits; il faut qu'il soit constamment assorti en arbres d'alignements, en espèces fruitières et même
d'agrément les plus habituellement recherchées.

---

(1) « Seront punis d'amende, depuis 1 fr. jusqu'à 5 inclusivement,
» ... Ceux qui auront négligé d'écheniller dans les campagnes ou jar-
» dins où ce soin est prescrit par la loi ou les règlements ».

Fabrique, dépôt et exposition d'instruments aratoires, etc. de M. Hallié (p. 64). Il n'est peut-être pas en France une autre ville qui offre l'exemple d'une exposition agricole et industrielle créée et maintenue par un simple particulier.

Il serait à désirer qu'un jour, cette œuvre de dévouement pût servir de base à un établissement public, aussi avantageux pour le bien de l'Agriculture du département de la Gironde que pour le progrès des industries qui s'exercent dans la ville de Bordeaux.

RÉSUMÉ.

On vient de voir combien sont nombreuses et variées, dans le département de la Gironde, les institutions tendant au développement et au progrès de son agriculture.

Ce nombre et cette variété témoignent, tout à la fois, et de la réalité des motifs, la plupart très-anciens, qui ont donné lieu à ces institutions, et de l'intelligence, de la sagesse des administrations qui ont successivement régi la portion de la France aujourd'hui connue sous le nom de département de la Gironde.

Certes, sous ce rapport, il reste peu de chose à faire pour compléter les institutions agricoles de ce département; pour les mettre en rapport, tant avec ses besoins nouveaux, qu'avec les exigences manifestées par les progrès de l'époque.

Mais, si l'on peut se montrer satisfait sur ce premier point, sur un autre, sur celui qu'implique l'action tant particulière que commune de tous ces moyens, il ne saurait en être de même.

Créés successivement sous l'influence de causes diverses que le temps, les évènements ont pu modifier et plus au moins changer, il est arrivé à la plupart de ces moyens, de demeurer incomplets; il est arrivé à tous de pécher par le défaut d'harmonie, de ne pas concourir également au but commun qu'il s'agissait d'atteindre.

Aujourd'hui, la chose essentielle pour l'agriculture du département de la Gironde, n'est pas précisément de créer de nouvelles institutions; mais plus particulièrement de restaurer celles qui existent déjà, de les étendre, de les compléter, d'assurer leur effet particulier et surtout de les combiner, de les harmoniser de telle manière qu'il ressorte enfin de leur action commune tout le bien qu'elles doivent produire.

A l'appui de cette manière de voir, il est deux considérations encore que nous tenons à exprimer ici.

La première est relative à l'état actuel de notre agriculture.

La seconde est relative aux dispositions favorables que l'administration trouvera toujours dans nos populations rurales, toutes les fois qu'elle voudra s'occuper de ce qui intéresse ces populations.

Pour juger de l'état de notre agriculture, il ne faut pas la comparer avec celles de contrées plus ou moins éloignées, avec celle de l'Angleterre, celle de la Belgique, celle de la Flandre. Il faut la comparer avec elle-même; avec les exigences que lui imposent notre climat, notre sol, nos traditions, nos besoins particuliers. Il faut s'assurer du plus ou moins d'habileté qu'elle a mise à satisfaire à ces exigences, du parti plus ou moins avantageux qu'elle a su tirer des circonstances locales.

Ainsi apprécié, nous ne craignons pas de le dire, on sera forcé de reconnaître que notre agriculture, et depuis longtemps déjà, est entrée dans la voie du véritable progrès ; que plusieurs des systèmes qu'elle suit, des méthodes qu'elle applique, ont été portés à un rare degré de perfection, et que tout le reste tend également vers un mieux de plus en plus sensible.

Nos populations rurales peuvent être divisées en trois catégories assez distinctes : les propriétaires proprement dits, les cultivateurs-propriétaires, les travailleurs agricoles.

Toutes ces catégories ont un égal intérêt à voir l'agriculture reprendre, tant dans l'ordre physique que dans l'ordre moral, le degré d'importance qui lui appartient. Toutes manifestent cet intérêt, toutes sont disposées à prêter leur concours aux mesures qui se proposeraient ce but d'une manière plus ou moins prochaine.

Sans doute, les préoccupations du moment, les embarras d'une position souvent difficile, ont pu, en quelques circonstances, attiédir le zèle des principaux détenteurs du sol ; des hommes que leur position, leur instruction mettent en mesure de fournir à ce sol, le concours intelligent qu'exige son exploitation, d'exercer sur ceux qui les entourent une salutaire influence ; mais ces circonstances n'ont pu être que passagères et partout et toujours, lorsqu'il s'agira du bien de l'agriculture qui est aussi celui du pays tout entier, l'administration sera sûre de rencontrer, parmi les populations rurales, le dévouement et le patriotisme que réclameront les nouvelles mesures dont elle voudra doter l'agriculture, les nouvelles manifestations qu'elle voudra faire en faveur de cette noble et utile occupation.

Bordeaux, Juillet 1850

RÉCAPITULATION des changements, modifications, extensions, etc..., réclamés par les institutions agricoles du département de la Gironde.

(*Nota* : Cette récapitulation peut servir de Table des matières à l'ouvrage).

INSTITUTIONS, etc.	PAGES où il en est fait mention		CHANGEMENTS, MODIFICATIONS, EXTENSIONS, etc...
	1re Partie.	2.e Partie.	
INSTRUCTION PRIMAIRE (1).....	6	67	Indication d'un prix destiné à en signaler la valeur et l'utile application aux populations rurales.
RÉCOMPENSES AGRICOLES.......		68	Il y aurait lieu à les rattacher davantage à l'honneur et aux sentiments généreux du cœur.
COURS ET INSPECTION D'AGRIC.e	11–16	70	Pour le moment, ces deux points ne donnent lieu à aucune observation nouvelle.
MAISON AGRICOLE DE S.t-LOUIS.	17	70	Tous ces établissements sont également dignes de toute la sollicitude de l'administration départementale.
COLONIE AGR.e DU FRÈRE FÉLIX.	19	»	
FERME–ÉCOLE.....................	21	»	
INSTITUT RÉGIONAL...............	21	»	
ACADÉMIE DES SCIENCES........	24	71	Le concours plus ou moins direct que toutes ces compagnies prêtent à l'agriculture, les rendent tout-à-fait dignes des sollicitudes de l'administration.
SOCIÉTÉ PHILOMATHIQUE........	26	»	
SOCIÉTÉ LINNÉENNE.............	26	»	
SOCIÉTÉ D'HORTICULTURE.......	27	»	
COMICES AGRICOLES..............	27	71	Le bien de l'agriculture, les intérêts de la justice exigent que leur action s'étende sur tout le département (2).
SOCIÉTÉ D'AGRICULTURE.......	34	72	Il serait avantageux d'exciter leur émulation par une prime annuelle. Avantage de donner à ses fêtes annuelles la plus grande solennité. Elle agirait puissamment sur l'agriculture, en instituant une grande *prime départementale*. Il serait convenable qu'elle instituât un concours de taille de vigne, dans l'arrondissement de Bordeaux. Elle pourrait renseigner l'administration sur la statistique et sur l'état des récoltes du département.
PRESSE AGRICOLE.................	41	75	Extension qui pourrait lui être donnée au moyen d'*Annuaires agricoles*.
AMÉLIORATIONS DES RACES D'ANIMAUX DOMESTIQUES......	43–53	75	Il y aurait lieu à former une Commission chargée de fixer, avant tout, la valeur de nos races indigènes, l'opportunité de leur amélioration, les modes à appliquer pour cela.
CONCOURS D'ANIMAUX GRAS...	53	77	Il importe de maintenir le vœu en faveur de la race bazadaise.
DÉPÔT D'ÉTALONS...,......	55	78	Il y aurait lieu à porter une plus grande attention sur le choix et l'entretien des juments.
DÉPÔT DE REMONTE............	56	78	L'heureuse influence qu'il exerce sur la production chevaline du département, le recommande de plus en plus.
VICINALITÉ......................	57	78	Il serait convenable de veiller à l'application rigoureuse de l'arrêté préfectoral du 18 Mars 1846.
FOIRES ET MARCHÉS...........	58	79	Leur trop grande multiplication est un tort pour l'agriculture, un danger pour les populations rurales.
CHASSE.............................	60	80	Les intérêts de l'agriculture exigent qu'elle soit réglementée.
ÉCHENILLAGE.....................	61	81	Nécessité d'une application rigoureuse et générale de la loi du 29 Ventôse an IV.
PÉPINIÈRE DÉPARTEMENTALE.	63	81	De graves considérations d'économie politique commandent sa conservation.
FABRIQUE ET EXPOSITION D'INS-TRUMENTS ARATOIRES........	64	82	Il serait à désirer, dans l'intérêt de l'agriculture et de l'industrie, que cette œuvre de patriotisme individuel servît un jour de base à un établisssement public.

(1) On a vu, à la page 6, quelles sont les considérations qui nous ont fait mettre l'instruction primaire au rang des institutions agricoles.

(2) Le 7 Juillet, le comice de l'arrondissement de Bazas a été fondé.